VOGELREICH
HOMMAGE AN DIE VIELFALT

Stanleysittich *(Platycercus icterotis)*, nicht gefährdet

VOGELREICH
HOMMAGE AN DIE VIELFALT

FOTOGRAFIEN / JOEL SARTORE
TEXT / NOAH STRYCKER

NATIONAL
GEOGRAPHIC

OBERE REIHE (V. L. N. R.): **Dreifarben-Papageiamadine** *(Erythrura trichroa)*, nicht gefährdet; **Ringelastrild** *(Taeniopygia bichenovii)*, nicht gefährdet; **Zeresamadine** *(Neochmia modesta)*, nicht gefährdet; **Braunbrustnonne** *(Lonchura castaneothorax)*, nicht gefährdet; **Maskenamadine** *(Poephila personata)*, nicht gefährdet; MITTLERE REIHE (V. L. N. R.): **Zeresamadine** *(Neochmia modesta)*, nicht gefährdet; **Gemalte Amadine** *(Emblema pictum)*, nicht gefährdet; **Dornastrild** *(Neochmia temporalis)*, nicht gefährdet; **Binsenastrild** *(Neochmia ruficauda)*, nicht gefährdet; UNTERE REIHE: **Gouldamadine** *(Erythrura gouldiae)*, potenziell gefährdet

INHALT

VORWORT / JOEL SARTORE 8

EINFÜHRUNG / NOAH STRYCKER 12

1 / EIN VOGEL – WAS IST DAS? 18

2 / ERSTE EINDRÜCKE 48

3 / IM FLUG 82

4 / NAHRUNG 112

5 / DIE NÄCHSTE GENERATION 142

6 / DAS VOGELHIRN 176

7 / DIE ZUKUNFT 198

ÜBER DIE AUTOREN 228

DANK 229

ÜBER DAS PROJEKT 230

WIE DIE FOTOS ENTSTEHEN 231

DIE VÖGEL DER KAPITELAUFMACHER 232

REGISTER DER VÖGEL 234

Weißbauch-Zwergfischer
(Corythornis leucogaster leucogaster), nicht gefährdet

EINEM AUSSERGEWÖHNLICHEN TEAM
ENGAGIERTER SEELEN GEWIDMET:
REBECCA WRIGHT, JESSIE GRAY, KERI HESS,
KRISTA SMITH UND ALANNA JOHNSON.

VON EINEM KLEINEN BÜRO
IN DEN PLAINS VON NEBRASKA AUS
HABEN SIE DIE WELT BEFLÜGELT.

—J.S.

VORWORT / JOEL SARTORE

Die Vögel in diesem Buch gehören zu den erstaunlichsten Kreaturen, die mir je begegnet sind. Vor dem schwarzen oder weißen Hintergrund werden ihre wahren Farben und Körperformen rasch offensichtlich. Sie alle sind ungeheuer komplex und haben sich im Laufe der Zeit bis zur Vollkommenheit weiterentwickelt. Der Flügel des Honigfressers auf der folgenden Seite ist mit nicht einer Feder zu viel ausgestattet, ebenso wenig wie der Schwanz eines Fasans zu wenige Federn besitzt.

Und dennoch: Nachdem ich jahrelang über den Kasuar, den Kakadu und die Krontaube gestaunt habe, sind es die Vögel in meinem eigenen Garten, die mir am meisten ans Herz gewachsen sind.

Jedes Jahr im März stehe ich vor meinem Haus in Nebraska, das am Central Flyway, einer wichtigen Vogelzugroute, liegt, und hoffe auf einen kräftigen Südwind. Ich habe mich den ganzen Winter lang auf die Vögel gefreut. Und da sind sie, wie bunte Kometen stürzen sie sich vom Himmel auf die Gehölze, Wiesen, Weiden und Vororte Nebraskas herab. Unsere Futterstationen sind aufgefüllt und bereit, sie bieten Treibstoff für die bevorstehende Arbeit: den Nestbau, das Legen der Eier, das Bebrüten, das Flüggewerden, Angriff und Verteidigung. Und dann sind sie nach nur wenigen Wochen wieder weg.

Aber zum Glück nicht alle, manche Vögel bleiben den Sommer über. Distelfinken, auch als Stieglitze bekannt, Rotkehlchen und Rotkopfspechte. Kleiber und Goldspechte. Und es besteht sogar die Chance, dass die Vögel in meinem Lieblingswald keine Neulinge sind. Mitunter sind sie alte Freunde aus dem Vorjahr oder dem Jahr davor.

Das Erstaunlichste an diesem Schauspiel ist, dass viele der Vögel direkt von einem anderen Kontinent herübergeflogen sind.

Haben Sie sich je gefragt, wie sie das schaffen?

Im Großen und Ganzen ist uns das noch schleierhaft.

Natürlich wissen wir, dass langlebige Vögel wie Kraniche bestimmte Landmarken auf ihren Zugrouten von ihren Eltern beigebracht bekommen und dass sich andere Arten am Stand der Sonne, an den Sternen oder am Magnetfeld der

Erde orientieren. Aber das war's auch schon. Obwohl wir die Tiere seit Jahrzehnten studieren, ist uns die atemberaubende Präzision des Vogelzugs über unseren Planeten im Grunde immer noch ein Rätsel.

Nehmen wir als Beispiel nur einmal viele der Waldsänger. Biologen vermuten, dass die Vögel eine Himmelskarte im Kopf haben, nach der sie navigieren – und das auch noch in zweifacher Ausfertigung, zeigen sich im Frühling doch andere Sternbilder als im Herbst. Dabei darf auch nicht vergessen werden, dass die Wegbeschreibungen für einen Vogel, der zu einem bestimmten Punkt in Arkansas unterwegs ist, andere sind als für einen, der nach Nebraska will.

Oder die Fahlstirnschwalbe. Am Ende der Brutsaison erhebt sich der gerade einmal acht Wochen alte Vogel in die Luft und fliegt ganz allein zu einem bestimmten Ort in Argentinien, der Tausende von Kilometern entfernt ist.

Die kleinen Raketen, die da in unseren Gärten herumdüsen, wissen mehr, als wir uns je träumen lassen würden.

In den vergangenen zehn Jahren habe ich es zu meiner Mission gemacht, alle Tiere weltweit zu fotografieren, die sich in menschlicher Obhut befinden – seltene und häufig vorkommende Arten, um die man sich in Zoos kümmert, Arten in Not aus Auffangstationen und quasi ausgestorbene Arten aus der Hand privater Züchter. Zum jetzigen Zeitpunkt habe ich rund 6.500 der geschätzten 13.000 Spezies abgelichtet, die ich insgesamt an Bord der Photo Ark, meiner fotografischen Arche, bringen möchte. Und bei knapp einem Drittel der fotografierten Arten handelt es sich um Vögel. Für sie scheine ich eine Vorliebe zu haben. Vögel haben in meiner Sicht der Natur bereits eine besondere Rolle gespielt, als ich noch klein war. Wie sie da melodisch von irgendeinem hohen, verborgenen Zweig in den Kronen der Bäume

Blauohr-Honigfresser *(Entomyzon cyanotis)*, nicht gefährdet

sangen und schon wieder weg waren, bevor ich auch nur einen Blick auf sie erhaschen konnte. Sie waren gewissermaßen mein Heiliger Gral – mysteriös und unerreichbar.

Meine Mutter und mein Vater lehrten mich zwar die Vögel schätzen, die um mich herumflatterten, wenn ich mit meinem Rad unterwegs war oder Ball spielte, aber es waren Bücher wie das, das Sie gerade in Händen halten, die mich die geflügelten Wunder erstmals wirklich wahrnehmen ließen. Bei den wunderbaren Farbabbildungen, den verheißungsvollen Namen und den detailliert dargestellten Zugrouten bekamen die Seiten meines Vogelführers für Anfänger bald jede Menge Eselsohren.

In den 1960er-Jahren kaufte meine Mutter mir dann das Time-Life-Buch *The Birds*. Ganz hinten fand sich eine grobkörnige Schwarz-Weiß-Aufnahme von Martha, der allerletzten Wandertaube. Ihre Art, einst milliardenfach vertreten, war für den Tierhandel bis zu diesem letzten Vogel bejagt worden, der nun einsam in einem Käfig im Zoo von Cincinnati saß.

Dieses Foto ließ mich nicht los. Wieder und wieder sah ich es mir an, ebenso wie die Schwarz-Weiß-Zeichnungen auf den anderen Seiten, die weitere inzwischen ausgestorbene Vögel darstellten: das Heidehuhn, die Labradorente, den Riesenalk und den Karolinasittich. Wie um alles in der Welt kann es geschehen, dass der Mensch einen Vogel absichtlich zum Aussterben verdammt? Darüber kam ich schon als Kind nicht hinweg und komme es auch heute noch nicht.

Weshalb ich mir keine Chance entgehen lasse, eine weitere Vogelart zu fotografieren. Ich möchte den Vögeln eine menschliche Stimme geben und die Welt wissen lassen, wie einzigartig jeder von ihnen ist, damit das Aussterben eines Tages vielleicht selbst der Vergangenheit angehört.

Fotos für die Photo Ark zu machen, ist mir die größte Ehre im Leben – aber auch eine große Verantwortung. Viele Vogelarten werden dabei das erste und einzige Mal gut dokumentiert; die Photo Ark ist ihre einzige Chance, der Welt ihre Geschichte zu erzählen. Und dabei lässt uns das Buch erst erahnen, welch erstaunliche Vogelvielfalt es auf Erden gibt.

Ob es diese Arten in die Zukunft schaffen, hängt von jedem Einzelnen von uns ab und beginnt mit etwas so Simplem wie der Photo Ark, die zahlreichen Menschen die Gelegenheit gibt, Tausende atemberaubender Spezies zu betrachten – eine Gelegenheit, die sie sonst nicht haben. Wir können die Tiere nicht retten, wenn wir nicht wissen, dass sie existieren.

Wenn der Gesang der Vögel bei Sonnenaufgang erklingt, gehen die uralten Rufe weit über die Balz und das Verteidigen des Reviers hinaus. Was wir da hören, ist tatsächlich die Stimme der Wildnis. Vögel singen aus vollstem Herzen, unverwüstlich und entschlossen. Und das werden sie auch weiterhin tun … vorausgesetzt, wir schützen sie.

Wie Sie das tun können? Den örtlichen Naturschutzbund zu unterstützen ist schon einmal ein guter Anfang, aber auch darüber sprechen hilft. Lassen Sie andere wissen, dass Sie keine Chemikalien in Ihrem Garten verteilen und wollen, dass Wälder, Wiesen, Marsche und Flüsse erhalten bleiben.

Solcherlei Schutzmaßnahmen machen Mühe – die sich aber unendlich lohnt. Die Zukunft der Vögel ist mit der unseren enger verwoben, als wir bislang ahnen. Wir steigen gemeinsam auf oder gehen gemeinsam unter. ■

DIE ABKÜRZUNGEN DER IUCN

Die weltweite Organisation International Union for Conservation of Nature and Natural Resources (IUCN) hat sich der Nachhaltigkeit verschrieben. In ihrer Roten Liste gefährdeter Arten sind zahlreiche Tier- sowie Pflanzenspezies nach ihrem Aussterberisiko verzeichnet, bewertet und einer bestimmten Kategorie zugeordnet. In diesem Buch sind alle abgebildeten Arten nicht nur mit ihrem Namen, sondern auch mit ihrem jeweiligen IUCN-Status versehen.

EX: Extinct, ausgestorben

EW: Extinct in the Wild, in der Natur ausgestorben

CR: Critically Endangered, vom Aussterben bedroht

EN: Endangered, stark gefährdet

VU: Vulnerable, gefährdet

NT: Near Threatened, potenziell gefährdet

LC: Least Concern, nicht gefährdet

NE: Not Evaluated, nicht beurteilt

EINFÜHRUNG / NOAH STRYCKER

Vögel sind so universell wie die Luft, so weitverbreitet wie das Lachen. Sie leben überall – an Ozeanen und im Gebirge, in Wüsten und Wäldern, am Äquator und an den Polen der Erde – und im Gegensatz zu uns brauchen sie zum Reisen keinen Pass. Sie breiten einfach ihre Schwingen aus, überqueren Grenzen und trotzen der Schwerkraft. Kein Wunder, dass sie auf der ganzen Welt als Symbol der Freiheit, der Liebe und des Friedens gelten.

Vögel tauchen in den ersten künstlerischen Gehversuchen der Menschheit auf: Die Höhlenmalereien in Frankreich, Indien und Tennessee zeigen neben großen Tieren, Jägern und anderen Szenen auch Myriaden geflügelter Kreaturen. Was genau diese frühen Illustratoren antrieb, wissen wir nicht, doch erinnern uns ihre Bilder daran, dass die Anziehungskraft, die Vögel auf uns ausüben, nicht neu ist.

Die bildenden Künste haben beim Dokumentieren unserer gefiederten Freunde schon immer eine wichtige Rolle gespielt. Auf einem vor Kurzem entdeckten Felsengemälde im nördlichen Australien beispielsweise ist offenbar eine riesige, flugunfähige Art von »Donnervögeln« dargestellt, die dreimal so groß wie ein Emu war und wahrscheinlich vor 40.000 Jahren ausstarb. Wenn das stimmt, wäre das Gemälde das einzige existierende Lebendporträt dieser Spezies und darüber hinaus das älteste Kunstwerk Australiens. So schafft es die schlichte Skizze eines Vogels, ein uraltes Tier unsterblich zu machen und gleichzeitig die Menschheitsgeschichte umzuschreiben.

Die Macht des Bildes kann man auch daran erkennen, dass es ein Bildband über Vögel war, der eine Zeit lang den Rekord als teuerstes gedrucktes Buch, das je verkauft wurde, hielt: Eine Originalausgabe von John James Audubons *Birds of America* wurde im Jahr 2010 für sagenhafte 11,5 Millionen Dollar versteigert. Ein solches Vermögen hätte sich Audubon selbst vermutlich nie vorstellen können. Er war im Alter von 18 Jahren nach Amerika geschickt worden, um dem Wehrdienst in der Armee Napoleons zu entgehen, gründete dort ein Unternehmen, ging bankrott und machte sich in den 1820er-Jahren mit Farben und Gewehr auf den Weg, um die wild lebenden Vögel des nordamerikanischen Grenzlands zu malen.

Der daraus resultierende Band mit seinen 435 lebensgroßen Porträts, die Audubon mühevoll von auf Draht aufgezogenen Vögeln angefertigt hatte, verzauberte die High Society Europas derart, dass sein Urheber – der »amerikanische Waldmensch« – zu internationalem Ruhm aufstieg. Und auch heute noch inspirieren seine fast 200 Jahre alten Bilder Vogelliebhaber auf der ganzen Welt.

Es ist interessant, dass die größte Vogelschutzorganisation in den Vereinigten Staaten heute Audubons Namen trägt, war er doch in erster Linie Maler. Er studierte die Tiere zwar auch auf andere Weise, indem er etwa am ersten Beringungsexperiment in Nordamerika teilnahm oder später auch auf die Bedrohungen der Vogelpopulationen einging, am berühmtesten aber ist er für seine Porträts.

Ebenso wie die frühen Höhlenmalereien diente auch *Birds of America* einem Zweck, der dem Künstler vermutlich noch nicht voll bewusst gewesen ist. Einige der in dem Band abgebildeten Vögel, darunter der Karolinasittich, die Wandertaube, die Labradorente, der Riesenalk, der Eskimo-Brachvogel und das Heidehuhn, sind inzwischen ausgestorben. Das Kunstwerk feiert eine Landschaft, die es nicht mehr gibt.

Heute denken viele Menschen bei Umweltschutz an Geld, Politik, Gesetze und Vorschriften. Aber das ist nur ein kleiner Teil der Geschichte, der das Wunder, das Vögel und Natur für uns sind und das Menschen wie Audubon uns näherbringen können, außen vor lässt.

Nur wenige wild lebende Tiere lassen sich so leicht beobachten wie Vögel. Sie sind überall um uns herum. Und ebenso wie wir sind sie im Gegensatz zu zahlreichen Säugetieren, Reptilien, Amphibien, Insekten und Meeresbewohnern, die sich auf andere Sinne verlassen, überwiegend audiovisuelle Geschöpfe. Wir können viele Verhaltensweisen von Vögeln verstehen und uns daran erfreuen, und jeder hat Zugang zu ihnen.

Brillenpinguin *(Spheniscus demersus)*, **stark gefährdet**

13

Es ist lange her, dass Vögel wie zu Audubons Zeiten millionenfach ihres Fleisches und ihrer Federn wegen oder einfach aus Vergnügen getötet wurden. Das Entsetzen über die Wasservogeljagd führte zu Beginn des 20. Jahrhunderts zu den ersten bundesweiten Naturschutzgesetzen. Zur gleichen Zeit wurden das US-amerikanische National Wildlife Refuge System und in Großbritannien die Royal Society for the Protection of Birds gegründet. Das Buch *Der stumme Frühling*, das sich mit dem Einfluss von Pestiziden auf Vögel und andere Tiere beschäftigt, zog eine umfassende Naturschutzbewegung in den 1960er-Jahren sowie 1970 die Gründung der U.S. Environmental Protection Agency nach sich. Es waren die Vögel, die in den vergangenen Jahrzehnten weltweite Diskussionen über gefährdete Arten, Biodiversität und zuletzt den Klimawandel auslösten.

Alles, was es braucht, ist ein wenig Magie – der zündende Funke, der überspringt, wenn jemand einen Vogel sieht und fasziniert ist. So kann selbst die winzigste Flamme die ganze Welt in Brand stecken.

Vogelbeobachter mögen eine verwegene Bande von Akademikern, Jägern, Spielern, Poeten, Sportlern und Suchenden sein, doch in erster Linie sind sie Sammler – von Sichtungen, Wissen, Erfahrung.

So jedenfalls hat es bei mir angefangen. Ich habe als Kind alles gesammelt, was mir zwischen die Finger kam: Briefmarken, Münzen, Steine, Visitenkarten und Zane-Grey-Taschenbücher. Und als mein Lehrer in der fünften Klasse eine Futterstation aus Plastik vor dem Fenster unseres Klassenzimmers anbrachte, begann ich, auch Vogelsichtungen zu sammeln.

Vögel haben etwas, das die obsessive Ader in der menschlichen Natur anspricht. Sie lassen sich fein säuberlich in Arten einteilen (meistens jedenfalls), die sich durch jeweils eigene Gewohnheiten und Erscheinungsformen auszeichnen. Eines der ersten Dinge, die man als Vogelbeobachter lernt, ist, dass man sie oft nur dann findet, wenn man an den richtigen Orten nach ihnen sucht. So wird die Vogelbeobachtung zur Schatzsuche, bei der man von Hinweisen zur scheuen Beute geführt wird.

Hausgimpel *(Haemorhous mexicanus)*, nicht gefährdet

Beim Studium der Vögel kommen verschiedene Methoden der Katalogisierung zur Anwendung, von Carl von Linnés binomialer Nomenklatur – die lateinische Klassifizierung wird auch heute noch verwendet – bis zum derzeitigen Sammelsurium der Vogelführer, in denen praktisch jede Spezies auf Erden beschrieben ist. Und jede Methode versucht, die Vogelwelt zu beziffern und auf handliche Schnipsel herunterzubrechen. Die Natur ist so überwältigend, dass wir uns ihr am liebsten in Fragmenten nähern und die Stücke anschließend wieder zu etwas Sinnstiftendem zusammensetzen.

Meine kindliche Obsession wuchs sich schließlich zu einer handfesten Karriere als Vollzeit-Vogelnerd aus. Ich arbeitete jahrelang an Feldforschungsprojekten mit und nistete mich monatelang auf windgepeitschten Inseln und in brütend heißen Regenwäldern ein. Doch ich war immer noch aufgeregt, wenn ich eine neue Vogelspezies sah, und allmählich wurde mir klar, dass es für die kurze Zeit einfach zu viele Vögel gab. Deshalb beschloss ich 2015, ich war damals 28, meinen eigenen Katalog zu erstellen und mein ganz persönliches »Big Year« in Angriff zu nehmen: in einem Jahr so viele Vogelarten wie möglich zu dokumentieren.

Der logistische Aufwand dafür war beinahe unvorstellbar. Ich besuchte 41 Länder auf allen sieben Kontinenten und nahm mir dabei nicht einen einzigen Tag frei. Mit meinem mageren Budget schlief ich auf Sofas, in Flugzeugen und im Dschungel, wenn ich überhaupt schlafen konnte. Um das Tageslicht voll auszunutzen, stand ich jeden Tag schon vor Morgengrauen auf und reiste nachts. Am Ende hatte ich mithilfe Hunderter begeisterter Vogelliebhaber rund um den Globus 6.042 Spezies verzeichnet, also durchschnittlich eine Vogelart pro Wachstunde und über die Hälfte aller Vogelarten der Erde – ein neuer Weltrekord.

Nach meiner Rückkehr stellte ich fest, dass sich meine Sicht der Dinge verändert hatte. Zahlen und Rekorde bedeuteten mir nun weniger als das Abenteuer, alle Vögel Amerikas zu dokumentieren, das Audubons Vorhaben zu Beginn des 19. Jahrhunderts widerspiegelte. In meiner erschöpfenden Suche nach den Tieren hatte ich eine größere Fläche unseres Planeten überquert, als die meisten Menschen in ihrem ganzen Leben bereisen, und durch die Komprimierung der Reise auf ein einziges Jahr hatte ich einzigartige Einblicke in die Vogelwelt der Jetztzeit gewonnen.

Sich mit Umweltfragen auseinanderzusetzen ist ungeheuer deprimierend, vor allem bei einer Reise in die Tropen, wo die Wälder durch Brandrodungslandwirtschaft, Palmölplantagen und umfassende Abholzung in rasender Geschwindigkeit vernichtet werden. In meinem »Big Year« habe ich mit eigenen Augen beobachten können, wie die Bevölkerungsexplosion, insbesondere in Afrika und Asien, Habitate verschlingt. Auch von den Folgen des Klimawandels erfuhr ich aus erster Hand: Die Menschen erzählten mir wieder und wieder, wie unvorhersehbar die Bedingungen in ihrem Umfeld geworden waren und die Populationen von Mensch und Vogel gleichermaßen angriffen.

Ich fand aber auch eine unerwartet lebhafte Gemeinschaft von Vogelenthusiasten an Orten wie China, Borneo, Kenia, Brasilien und Guatemala vor, Orte, an denen die Vogelbeobachtung nicht gerade eine lange Tradition hat. In den vergangenen zehn Jahren haben Vögel dank Internet, Digitalfotografie und anderen Technologien eine ganz neue Generation dazu inspiriert, in die Natur hinauszugehen. Auch in entlegenen Winkeln der Welt finden die Menschen mittlerweile Wege, ihre gefiederten Freunde zu schützen und sich mit Gleichgesinnten darüber auszutauschen. Was einst ein Nischenzeitvertreib war, hat sich heimlich, still und leise zu einem weltweit verbreiteten Hobby entwickelt.

Es mutet seltsam an, dass ausgerechnet das digitale Zeitalter die Menschen zur Rückkehr zur Natur angespornt hat. Ob nun als Gegenreaktion auf zu viel Zeit vor einem Bildschirm oder als Bewegung, die durch neue Technologien erst möglich gemacht wurde – immer mehr Menschen entdecken die Welt der Vögel für sich. Und das zu einer Zeit, da die Tiere selbst einer ungewissen Zukunft entgegensehen. Ich kehrte aus meinem »Big Year« mit einer optimistischeren Sicht der Dinge zurück: Trotz täglich neuer düsterer Prognosen gibt es sehr viele Menschen, denen die Natur ungeheuer am Herzen liegt.

Und mit all dem im Kopf begann das Buch, das Sie in Händen halten, nach meiner langen Reise allmählich Gestalt anzunehmen.

Das Geniale an Joel Sartores Fotografien von Vögeln, die sich weltweit in menschlicher Obhut befinden, liegt in ihrer Intimität. In freier Wildbahn sind Vögel flüchtige Motive – die »großen Filmverschwender«, wie ein Freund von mir einmal gesagt hat. Dort haben wir kaum eine Chance, nah an sie heranzukommen.

Doch aus der Nähe gesehen enthüllen die Tiere eine Unmenge an Merkmalen, die wir für gewöhnlich uns selbst vorbehalten. Sie zeigen Gesichtsausdrücke, Stimmungen und Persönlichkeit. Manche sind scheu, andere neugierig, wieder andere sehen schlicht hungrig aus. Da scheint ein Brillenpinguin höflichst um einen Fisch zu bitten, während Hausgimpel und Großer Gelbschenkel eine eher kesse Pose einnehmen.

Einige dieser Interpretationen sind zweifelsohne anthropomorphischer Natur; wir projizieren unsere Sichtweise der Dinge auf die Tiere, die kaum wissen können, dass ihre Bilder veröffentlicht werden. Nichtsdestotrotz zeigen Vögel tatsächlich Gefühle, den unseren vielleicht ähnlich, und wer das leugnet, impliziert damit, dass Tiere das nicht können, nur weil wir es können. Sie dürfen in die hier abgebildeten Fotos also ruhig Emotionen hineinlesen.

Lassen Sie sich von Joels Bildern auch zum Staunen anregen. Einige der Vögel sind selten und in der Natur kaum zu sehen. Andere, wie die Socorrotaube, sind vom Aussterben bedroht und haben nur in menschlicher Obhut überlebt. Ihre Porträts erinnern an eine heikle Existenz. Die meisten Vögel aber sind in ihren natürlichen Lebensräumen zu finden und über den ganzen Globus verbreitet. Es tut so gut zu wissen, dass diese Lebewesen real sind und die Welt mit uns teilen.

Ich hege die größte Bewunderung für Joels ambitioniertes Projekt, jede Tierspezies in Gefangenschaft zu fotografieren. Er ist ein moderner Audubon, der uns die kostbaren Wunder der Natur vor Augen führt.

Sehen Sie sich die Vögel näher an. In diesem Buch sind sie nur ein paar Zentimeter entfernt und erwidern Ihren Blick. ■

Großer Gelbschenkel *(Tringa melanoleuca)*, nicht gefährdet

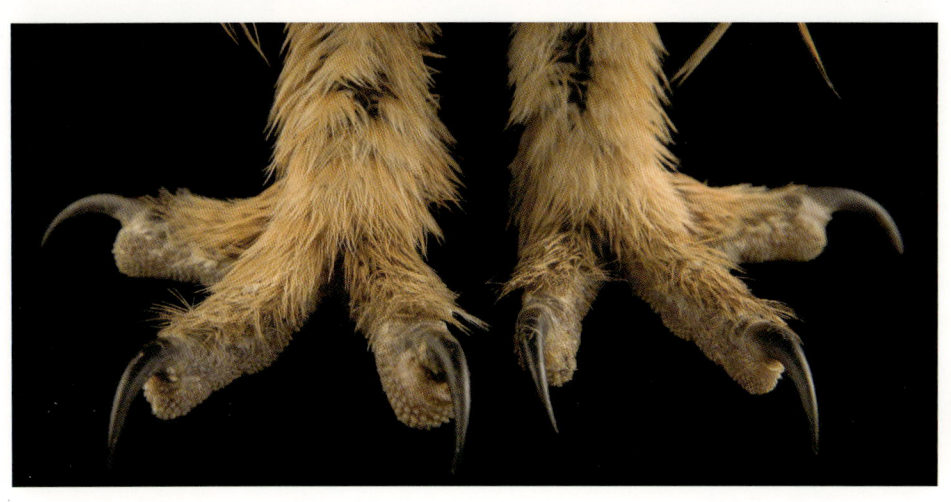

1 / EIN VOGEL – WAS IST DAS?

EVOLUTION / IDENTITÄT / DIVERSITÄT

26   32   40

KONSTRUKTION IN PERFEKTION

Mit ihren prächtigen Farben, dem wunderschönen Gesang, der Gabe des Flugs und dem körperlichen Durchhaltevermögen, Tausende von Kilometern auf Zugrouten zurückzulegen, sind Vögel wahrlich die Showstopper der Natur. Dass der Mensch mit diesen Geschöpfen einiges gemein haben soll, ist zwar kaum vorstellbar, aber wahr: Rund 60 Prozent der Vogel-DNA überlappt sich mit der unseren. Wir tragen also einen derart großen Teil des Vogelgenoms in uns, dass wir beim Studium der Vögel viel über uns selbst lernen können, von der Immunität Krankheiten gegenüber bis zur Zellmechanik.

Die 40 Prozent des Genoms, die sich nicht überlappen, machen all die überwältigenden Unterschiede aus. Viele Vögel haben sich evolutionär so angepasst, dass sie leicht und schnell und damit hoch spezialisierte, wendige Flieger sind. In Millionen von Jahren haben sie sich einige brillante Merkmale angeeignet, darunter ein ultraleichtes Skelett, das bei vielen Arten weniger wiegt als das Federkleid. Die Vogellunge ist weit effizienter als die des Menschen und der Verdauungstrakt stromlinienförmig bis zum völligen Verzicht auf eine Harnblase. Die Tiere verfügen über ein außergewöhnliches Sehvermögen, sie hören gut, und ihre schnellen Reflexe sind perfekt auf ein Leben im Flug abgestimmt. Im Vergleich dazu ist der Mensch die reinste Schnecke.

Das Studium der Vögel beginnt bei ihrer Erscheinungsform – ihrer Entwicklung, ihren charakteristischen Zügen, ihrer Vielfältigkeit. Richtig verstehen können wir unsere gefiederten Freunde nur, wenn wir von innen nach außen vorgehen.

Riesenturako *(Corythaeola cristata)*, **nicht gefährdet**

Der ungeheuer eindrucksvolle, im westlichen Zentralafrika heimische Riesenturako ist rund 90 Zentimeter groß, wiegt aber nur etwa 900 Gramm.

Rio-Grande-Wildtruthuhn *(Meleagris gallopavo intermedia)*, nicht gefährdet

Wie die meisten Vögel besitzen auch Truthühner ein supereffizientes Verdauungssystem. Die Mahlzeit kann den gesamten Verdauungstrakt in weniger als vier Stunden passieren.

Nordbüscheleule
(Ptilopsis leucotis), nicht gefährdet

Der konkave Gesichtsschleier dient
dieser in Zentralafrika heimischen Eule
gewissermaßen als Parabolspiegel:
Er fängt den Schall ein und leitet ihn
zu den Ohren weiter.

LEBENDE DINOSAURIER

Vor rund 66 Millionen Jahren, zu etwa der Zeit, als ein großer Asteroid mit der Erde kollidierte, starben alle Dinosaurier aus – mit Ausnahme einer Abstammungslinie, die über Federn und Flügel verfügte. Diese Linie nennen wir heute Vögel, sie sind die letzten lebenden Dinosaurier.

Die Vögel stammen von den Theropoden ab, einer vielfältigen Gruppe, zu der auch der Tyrannosaurus rex und der Velociraptor gehörten. Ein 150 Millionen Jahre altes Fossil aus Deutschland zeigt, dass Archäopteryx, eine Übergangsgattung zwischen Dinosaurier und Vogel, etwa so groß wie ein Rabe war und Klauen, Zähne, einen knöchernen Schwanz sowie ein Fluggefieder besaß. Erst vor Kurzem entdeckte man in Myanmar ein Stück Bernstein, in das ein 99 Millionen Jahre alter gefiederter Dinosaurierschwanz eingeschlossen ist.

Der vielleicht ursprünglichste heute lebende Vogel ist der Afrikanische Strauß, gefolgt von einigen anderen überwiegend flugunfähigen Arten: den Nandus, den Steißhühnern, den Kiwis, den Emus und den Kasuaren. Sieht man sich diese großen, kräftigen und eindrucksvollen Vögel an, glaubt man sofort, dass sie die Nachfahren der Dinosaurier sind.

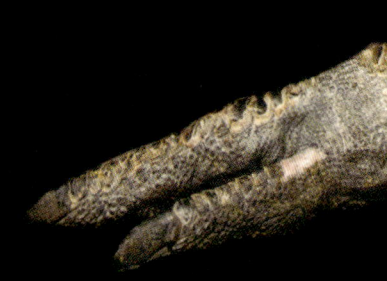

Helmkasuar (*Casuarius casuarius*), gefährdet

Rotstirn-Großtinamu *(Tinamus major castaneiceps)*,
potenziell gefährdet

Die Tinamus oder Steißhühner sind mittelgroße Vögel
und über den gesamten südamerikanischen Kontinent
verbreitet. Sie gehören zu den ursprünglichsten Vögeln,
die heute noch auf der Erde leben.

Perlsteißhuhn *(Eudromia elegans),* **nicht gefährdet**

Das Perlsteißhuhn besitzt einen geschwungenen Federschopf auf dem Kopf und erinnert mit seinem getüpfelten restlichen Gefieder an seinen Namensvetter, das Perlhuhn. Den Großteil seiner Zeit verbringt der Vogel damit, in niedrigen Sträuchern nach Nahrung zu suchen.

DIE VIELFALT DER TAUBEN

Mit 351 Spezies weltweit sind Tauben eine ausgesprochen artenreiche Vogelfamilie –
und in ihrer Erscheinung weit differenzierter als die gewöhnliche Stadttaube.
Manche Tauben verfügen über ein farbenprächtiges Gefieder, Federn auf dem Kopf
und Höcker auf dem Schnabel.

LINKE SEITE: **Krontaube** *(Goura cristata),* gefährdet; DIESE SEITE, IM UHRZEIGERSINN VON
OBEN LINKS: **Weißkopftaube** *(Patagioenas leucocephala),* potenziell gefährdet;
Tümmlertaube *(Felsentaube, Columba livia, domestiziert),* nicht gefährdet; **Pfautaube**
(Felsentaube, Columba livia, domestiziert), nicht gefährdet; **Diamanttaube** *(Geopelia
cuneata),* nicht gefährdet; **Rothöcker-Fruchttaube** *(Ducula rubricera),* potenziell gefährdet;
Mähnentaube *(Caloenas nicobarica),* potenziell gefährdet

WAS MACHT EINEN VOGEL AUS?

Einige gemeinsame körperliche Merkmale vereinen die verschiedensten Vögel zu einer eigenen Liga. Sie alle gehören der biologischen Klasse der Aves an, die neben anderen Lebewesen mit Skelett dem Stamm der Chordatiere zugeordnet wird.

Das offensichtlichste Merkmal, das Vögel von allen anderen lebenden Spezies unterscheidet, sind die Federn. Zudem besitzt jeder Vogel einen zahnlosen Schnabel, ein Gabelbein, ein kielförmiges Brustbein, ein Herz mit vier Kammern, zwei Beine mit schuppigen Füßen und zu Flügeln modifizierte vordere Gliedmaßen. Vögel sind Warmblüter mit hoher Stoffwechselrate. Und sie legen Eier mit einer harten Schale.

Der Vogelembryo im Inneren des Eis ähnelt seltsamerweise einem Säugetier oder sogar einem Fisch in seinen frühesten Stadien. Erst nachdem sich essenzielle Organe entwickelt haben, ist der Vogel im Embryo erkennbar, und zur Zeit des Schlupfs sieht er dann definitiv wie ein Vogel aus – auch wenn er zu diesem Zeitpunkt noch fast nackt ist, wie das bei manchen Arten der Fall ist. So kommt der Vogel bereits als einzigartige Lebensform auf die Welt.

Argusfasan *(Argusianus argus argus)*, potenziell gefährdet

Goldsittich *(Guaruba guarouba)*, **gefährdet**

Der Körper des Nestlingsgoldsittichs ist von nadelähnlichen Schäften übersät, aus denen später die Federn wachsen.

Mähnentaube *(Caloenas nicobarica)*, potenziell gefährdet

Zu Beginn ihres Lebens sehen viele Vögel wie beispielsweise diese junge Mähnentaube ausgesprochen prähistorisch aus.

Das Alterskleid des männlichen Goldfasans ist unverkennbar:
Es besteht aus roten und gelben Federn mit schillernden Akzenten.

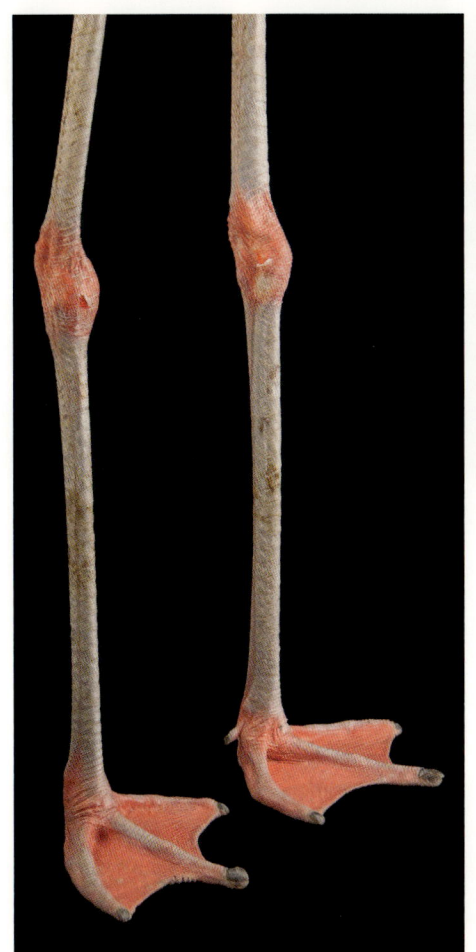

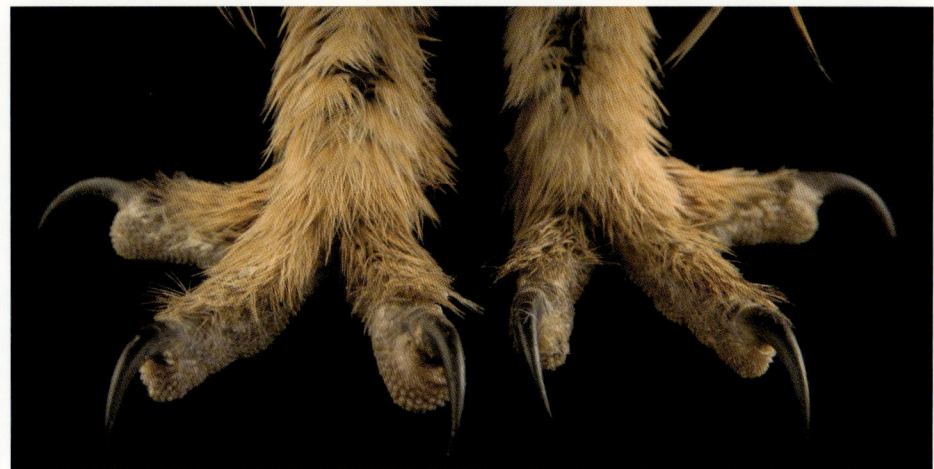

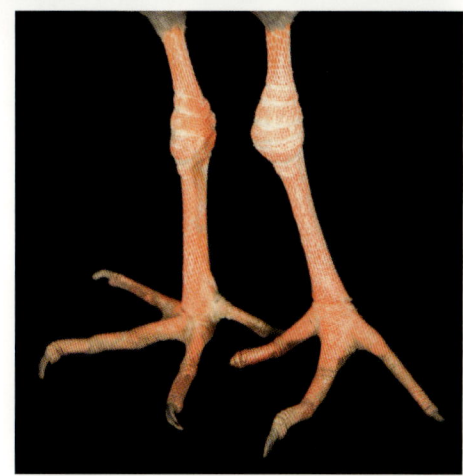

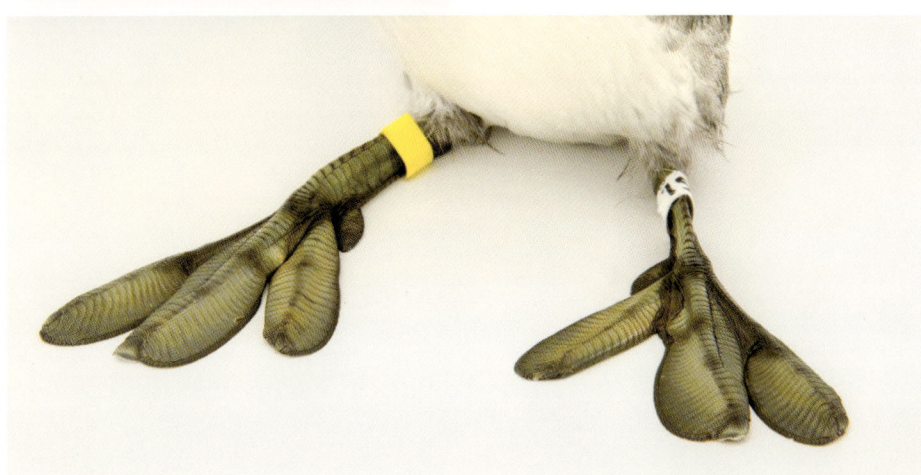

AUF DEN FÜSSEN

Technisch gesehen gehen Vögel auf den Zehen, ihr Knöchel- oder Sprunggelenk liegt grob dort, wo beim Menschen das Knie wäre. Vogelfüße gibt es in allen Formen und Größen.

LINKE SEITE: **Temmincktragopan** *(Tragopan temminckii)*, nicht gefährdet; DIESE SEITE, IM UHRZEIGERSINN VON OBEN LINKS: **Chileflamingo** *(Phoenicopterus chilensis)*, potenziell gefährdet; **Schreieule** *(Asio clamator)*, nicht gefährdet; **Halsband-Wehrvogel** *(Chauna torquata)*, nicht gefährdet; **Schwarzhals-taucher** *(Podiceps nigricollis)*, nicht gefährdet; **Bankivahuhn** *(Gallus gallus)*, nicht beurteilt

VIELFALT UND FÜLLE

Bei der letzten Zählung bevölkerten rund 10.500 Vogelarten die Erde – mehr als Säugetier-, Reptilien- oder Amphibienspezies. Und sie finden sich in beinahe allen Ecken des Planeten, von den Tropen bis zur eisigen Kälte der Pole.

Man teilt Vögel in 36 Ordnungen ein, die sich wiederum auf 242 Familien verteilen. Die artenreichsten Familien sind die Neuweltfliegenschnäpper oder Tyrannen (450 Spezies), die Tangaren (409 Spezies) und die Kolibris (369 Spezies). Es gibt 34 Vogelfamilien, die jeweils nur eine einzige, manchmal recht bizarre Spezies umfassen, den Schuhschnabel etwa mit seinem mörderischen ... nun ja: Schnabel, den afrikanischen Sekretär mit seinem adlerähnlichen Rumpf auf kranichähnlichen Beinen, mit denen er sogar giftige Schlangen zertreten kann, oder den seltsamen Fettschwalm aus Südafrika, der in Höhlen lebt und sich wie eine Fledermaus mittels Echoortung orientiert.

Insgesamt leben 200 bis 400 Milliarden Vögel auf der Erde. Die vielleicht am zahlreichsten vertretene wild lebende Spezies ist der kleine afrikanische Blutschnabelweber, dessen Population sich im niedrigen Milliardenbereich bewegt. Eine eindrucksvolle Zahl – die die prächtige Vielfalt der Vogelwelt dennoch nur erahnen lässt.

Schuhschnabel *(Balaeniceps rex)*, gefährdet

Sekretär *(Sagittarius serpentarius)*, **gefährdet**

Die langen Beine des Sekretärs sind perfekt an ein Leben
in der afrikanischen Savanne angepasst.

Hornlund *(Fratercula corniculata)*, nicht gefährdet

Der Hornlund ist mit den Alkenvögeln und Lummen
verwandt und benutzt seinen übergroßen Schnabel,
um kleine Meeresfische zu fangen.

VON ANGESICHT ZU ANGESICHT

Mit ihren seitlich am Kopf liegenden Augen besitzen viele Vögel ein ausgezeichnetes Sehvermögen. Manche Arten, darunter beispielsweise die Brautente, haben einen annähernd 360-Grad-Rundumblick. Die Augen der Eulen weisen nach vorn, was ihr binokulares Sehen sowie die Tiefenwahrnehmung verbessert; wenn sie nach hinten sehen wollen, müssen sie jedoch den Kopf drehen.

LINKE SEITE, IM UHRZEIGERSINN VON OBEN LINKS: **Felsenpinguin** *(Eudyptes chrysocome)*, gefährdet; **Rotfußseriema** *(Cariama cristata)*, nicht gefährdet; **Buntfalke** *(Falco sparverius)*, nicht gefährdet; **Brautente** *(Aix sponsa)*, nicht gefährdet; **Weißwangenturako** *(Tauraco leucotis leucotis)*, nicht gefährdet; DIESE SEITE, IM UHRZEIGERSINN VON OBEN LINKS: **Schreikranich** *(Grus americana)*, stark gefährdet; **Milchuhu** *(Bubo lacteus)*, nicht gefährdet; **Kea** *(Nestor notabilis)*, gefährdet

Geierperlhuhn *(Acryllium vulturinum)*, **nicht gefährdet**

Das leicht an seinem kahlen Kopf und Hals erkennbare
Geierperlhuhn bewohnt die ausgedehnten Grassavannen
Nordostafrikas.

2 / ERSTE EINDRÜCKE

GESCHWINDIGKEIT / GRÖSSE / FORM / FARBE

56   62   68   76

VÖGEL SEHEN

Da die meisten Vögel nicht lange still sitzen, erhaschen wir oft nur einen kurzen Blick auf sie, nehmen wir lediglich ein Rascheln des Gefieders oder einen Wirbel von Farben wahr. Die Vogelbeobachtung ist eine subtile Kunst, wie das Malen eines Bildes im Kopf.

Die frühen Ornithologen und wissenschaftlichen Illustratoren haben den Gegenstand ihrer Betrachtung noch auf Draht aufgezogen, heute ist es dank moderner Kameras und Ferngläser zum Glück leichter, Vögel in freier Wildbahn und somit in ihrem natürlichen Lebensraum zu beobachten. Dort erkennen Vogelliebhaber die Tiere häufig an »dem allgemeinen Eindruck, ihrer Größe und ihrer Form«. Dies basiert offensichtlich auf den bekannten Prinzipien der kognitiven Objekterkennung, manchmal aber erscheint die Identifizierung eines Vogels anhand seiner Kennmarken wie reine Zauberei.

Der erste Blick auf einen Vogel birgt jede Menge Informationen über Geschwindigkeit, Größe, Form und Farbe des Tiers. Manche Arten kann man sogar allein an diesen Merkmalen erkennen, und zwar in Sekundenbruchteilen.

Kronenkranich *(Balearica pavonina),* **gefährdet**

Den Kronenkranich, der seine Heimat im Subsahara-Afrika hat, kann man leicht an seinen rosafarbenen Wangen und der starren, goldenen Federkrone erkennen.

V. L. N. R.: **Schönbürzel** *(Estrilda coerulescens)*, **nicht gefährdet;**
Blaukopfastrild *(Uraeginthus cyanocephalus)*, **nicht gefährdet;**
Rotkopfamadine *(Amadina erythrocephala)*, **nicht gefährdet; Unterart des**
Gürtelgrasfinken *(Poephila cincta cincta)*, **nicht gefährdet**

Prachtfinken ähnlicher Größe, aber mit unterschiedlicher Gefiederfärbung

Blauer Pfau (Pavo cristatus), nicht gefährdet

Der auffällige Schwanz des Blauen Pfaus ist für den Menschen ebenso unverkennbar wie für andere Pfauen.

RASANTE FLIEGER

Mit nur einem Flügelschlag und manchmal ein wenig Hilfe vonseiten der Natur können einige Vögel schwindelerregende Geschwindigkeiten erreichen. Vom kraftvollen Herabstoßen eines Greifvogels bis zum zarten Flattern kleinerer Arten – die Flugbewegung der Vögel sieht (fast) immer äußerst elegant aus.

Vor Kurzem erhielt ein Graukopfalbatros auf der Anströmkante eines antarktischen Sturms über neun Stunden hinweg eine Durchschnittsgeschwindigkeit von 127 Stundenkilometern aufrecht. Der Mauersegler, ein zigarrengroßer Vogel mit schmalen Flügeln, kann aus eigener Kraft bis zu 112 Stundenkilometer schnell werden, die höchste Geschwindigkeit eines Vogels, die ohne die Hilfe der Schwerkraft oder des Windes erreicht wurde. Falken sind als die schnellsten Tiere in der Luft und die schnellsten Tiere der Welt weithin bekannt; der Wanderfalke beispielsweise wurde im Stoßflug schon mit 390 Sachen geblitzt, und der Gerfalke, fliegender Beutegreifer des Hohen Nordens, wird bei der Jagd über 160 Stundenkilometer schnell.

Am anderen Ende der Skala ist das langsamste Tier der Lüfte wahrscheinlich die Kanadaschnepfe, die mit acht Stundenkilometern fliegt und es schafft, dabei nicht vom Himmel zu fallen. Auf dem Boden watscheln Pinguine mit rund drei Stundenkilometern durch die Gegend, wobei ihre Füße jedoch so robust sind, dass sie sich über lange Strecken hinweg nicht ausruhen müssen.

Gerfalke *(Falco rusticolus)*, **nicht gefährdet**

Eselspinguin *(Pygoscelis papua)*, **nicht gefährdet**

Die Füße der Pinguine sind gepolstert und klebrig,
was verhindert, dass sie auf dem Eis ins Rutschen
kommen. Der Eselspinguin hat zwar kurze Beine, kann
damit aber kilometerweit watscheln, ohne dafür allzu
viel Energie aufwenden zu müssen.

Baumfalke *(Falco subbuteo)*, **nicht gefährdet**

Die scharfkantig die Luft durchschneidenden Federn des Baumfalkenflügels sind zu einem Dreieck geformt, was dem Vogel zu maximaler Manövrierfähigkeit verhilft.

Steinadler *(Aquila chrysaetos)***, nicht gefährdet**

Beim Herabstoßen auf die Beute aus großer
Höhe erreicht der Steinadler Geschwindigkeiten
von bis zu 240 Stundenkilometern.

Afrikanischer Strauß *(Struthio camelus)*,
nicht gefährdet

VON KOPF BIS FUSS

Mit einer Größe von 2,70 Metern und einem stolzen Gewicht von annähernd 140 Kilogramm ist der Afrikanische Strauß größer und schwerer als jeder andere heute noch lebende Vogel. Zudem legt er die größten Eier (1.400 Gramm), hat die größten Augen (etwa so groß wie Billardkugeln, und jedes davon größer als das Hirn des Vogels) und schreitet am weitesten aus (im Sprint bis zu 4,50 Metern).

Dennoch lassen sich diese eindrucksvollen Maße nicht mit denen des längst ausgestorbenen madegassischen Elefantenvogels vergleichen, der bis zu 500 Kilogramm schwer wurde und irgendwann innerhalb des vergangenen Jahrtausends von der Erdoberfläche verschwand.

Am anderen Ende der Skala wiederum wiegt die einzig auf Kuba vorkommende winzige Bienenelfe gerade einmal zwei Gramm und legt Eier in der Größe von Kaffeebohnen. Viele Vögel sind leichter, als sie aussehen. Selbst eine Meise müsste mit ihrem Gewicht von 14 Gramm nur mit einer Standardbriefmarke frankiert werden.

Streifenpanthervogel *(Pardalotus striatus)*, **nicht gefährdet**

LANGE
ANGELEGENHEIT

Die langen Beine sind diesen Watvögeln beim Umherschreiten in seichten Gewässern sehr nützlich, doch dafür brauchen sie auch lange Hälse, damit sie an die Nahrung im Wasser herankommen.

RECHTE SEITE: **Nimmersatt** *(Mycteria ibis)*, nicht gefährdet; DIESE SEITE, IM UHRZEIGERSINN VON GANZ LINKS: **Kanadakranich** *(Antigone canadensis)*, nicht gefährdet; **Weißnackenkranich** *(Antigone vipio)*, gefährdet; **Schwarzschnabelstorch** *(Ciconia boyciana)*, stark gefährdet

Heuschreckenammer *(Ammodramus savannarum)*, nicht gefährdet

Der Umgang mit sehr kleinen Vögeln erfordert besonderes
Fingerspitzengefühl. Entgegen dem Anschein sind die Tiere
jedoch relativ robust: Die Heuschreckenammer beispielsweise
legt jedes Jahr Hunderte von Kilometern zurück und trotzt
in Stürmen sogar Temperaturen unter null.

Gelbbüschel-Zwergbärtling *(Pogoniulus bilineatus)*, nicht gefährdet

Der überwiegend einzelgängerische Gelbbüschel-Zwergbärtling
ist etwa so groß wie der kleine Finger eines Menschen.

Nördlicher Streifenkiwi *(Apteryx mantelli)*, stark gefährdet

IN FORM GEBRACHT

Das Profil eines Vogels kann ebenso charakteristisch sein wie die Farbe seines Gefieders. Nehmen wir nur einmal den Kiwi: Von den Hunderten braunen Vögeln, die es auf der Welt gibt, könnte man keinen mit der gedrungenen Silhouette des neuseeländischen Wahrzeichens verwechseln.

Alle Vögel verfügen über typische Umrisse und Formen, von der schlaksigen S-Kurve des Reihers bis zur Stelzenerscheinung des Blatthühnchens. Während man die Größe aus einiger Entfernung nur schwer einschätzen kann, ist der Umriss immer ein verlässlicher Parameter. Dabei werden die Proportionen häufig in Bezug zum Körper des Tiers beschrieben: Der Schnabel des Grünflügelaras beispielsweise ist so breit wie sein Kopf, der des Braunpelikans ein Viertel so lang wie der Vogel selbst.

Am wahrscheinlich vielfältigsten sind die Schnabelformen, die an ihren jeweiligen Zweck perfekt angepasst sind. Ohne Arme oder Hände muss der Vogel ihn zum Fressen, zum Tragen von Dingen, zum Putzen und zum Kämpfen benutzen. So sagt die Schnabelform viel über Evolution und Überlebensstrategien jedes Vogels aus und hilft uns dabei, seinen Platz in der Welt zu verstehen.

Gaukler *(Terathopius ecaudatus)*, **potenziell gefährdet**

Breitet der Gaukler seine Flügel aus, ragt der Schwanz kaum unter den Schwungfedern hervor – ein eigentümliches Merkmal, das ihn von anderen afrikanischen Greifvögeln unterscheidet.

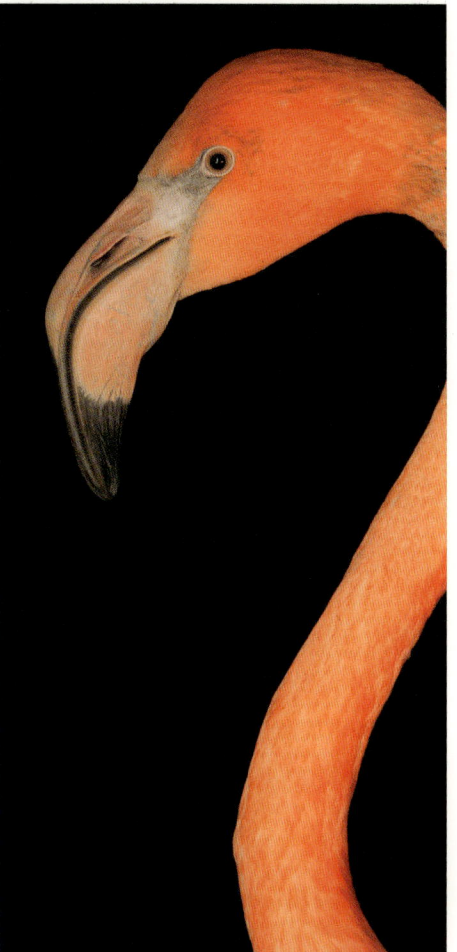

HERVORRAGENDE MERKMALE

Ein Vogelschnabel kann alle möglichen Formen annehmen, die sich meist an den Nahrungsgewohnheiten des Tiers orientieren. Sie ähneln Speeren zum Aufspießen von Fischen, Taschen zum Schlucken großer Mengen, Sieben zum Filtern, Nussknackern zum Aufbrechen der Nahrung, Löffeln, Strohhalmen und sogar Haken.

LINKE SEITE, IM UHRZEIGERSINN VON OBEN LINKS: **Mandarinente** *(Aix galericulata),* nicht gefährdet; **Kakapo** *(Strigops habroptila),* vom Aussterben bedroht; **Andenkondor** *(Vultur gryphus),* potenziell gefährdet; **Silberreiher** *(Ardea alba),* nicht gefährdet; **Schmalschnabellöffler** *(Platalea alba),* nicht gefährdet; **Karunkelhokko** *(Crax globulosa),* stark gefährdet; **Chile-pelikan** *(Pelecanus thagus),* potenziell gefährdet; DIESE SEITE, IM UHRZEIGERSINN VON OBEN LINKS: **Rhinozerosvogel** *(Buceros rhinoceros),* potenziell gefährdet; **Gelbschopflund** *(Fratercula cirrhata),* nicht gefährdet; **Kubaflamingo** *(Phoenicopterus ruber),* nicht gefährdet; **Rosen-brust-Kernknacker** *(Pheucticus ludovicianus),* nicht gefährdet; **Doppelbindenarassari** *(Pteroglossus pluricinctus),* nicht gefährdet

Eulenschwalm *(Podargus strigoides)*, nicht gefährdet

Beinahe könnte man den australischen Eulenschwalm
tatsächlich mit einer Eule verwechseln – wäre da nicht sein
auffällig breiter Schnabel, der den Vogel einzigartig macht.

Panama-Rotstirn-Blatthühnchen *(Jacana jacana hypomelaena),* **nicht gefährdet**

Die extralangen Beine und Zehen ermöglichen es dem Panama-Rotstirn-Blatthühnchen, auf Seerosen-blättern zu balancieren.

Himalaja-Glanzfasan *(Lophophorus impejanus)*, nicht gefährdet

LEBENDIGE FARBEN

Die menschliche Netzhaut verfügt über drei verschiedene Arten von Zapfenzellen, die jeweils für die Rot-, Grün- und Blauwahrnehmung zuständig sind. Die Vogelnetzhaut ist mit einer vierten Art von Zapfen ausgestattet, mit der die Tiere ultraviolettes Licht sehen können – für uns eine ganz neue Dimension der Farbwahrnehmung. Viele Spezies von Vögeln können selbst kleinste Differenzen in der Färbung erkennen. Da verwundert es kaum, dass sie selbst so farbenprächtig sind.

Mit leuchtenden Farben sollen in der Regel Partner beeindruckt werden, gedeckte Farben dienen der Tarnung. Die auffälligsten Vögel meiden Nistpflichten und überlassen den Mauerblümchen die ganze Arbeit. Während einige Federn pigmentiert sind – meist mit einer Kombination aus Melanin (schwarz oder braun) und Karotinoiden (rot, orange oder gelb) –, werden andere Farben wie etwa alle Blau- und manche Grüntöne strukturell erzeugt: Leuchtet man eine blaue Feder statt von vorn von hinten an, erscheint sie braun.

Ihr schillerndes Irisieren verdanken viele der am spektakulärsten gefärbten Vögel, vor allem die Kolibris, speziellen, mikroskopisch kleinen Strahlensegmenten der Federfahnenäste, die das Licht wie ein Prisma brechen und es nur in bestimmten Winkeln einfangen.

CHARAKTERKÖPFE

DIESE SEITE, IM UHRZEIGERSINN VON OBEN LINKS: **Grünflügelara** *(Ara chloropterus)*, nicht gefährdet; **Granada-Amazone** *(Amazona rhodocorytha)*, stark gefährdet; **Frauenlori** *(Lorius lory)*, nicht gefährdet; **Gelbbrustara** *(Ara ararauna)*, nicht gefährdet; **Westampel-papagei** *(Pionites xanthomerius)*, nicht gefährdet; **Rosakakadu** *(Eolophus roseicapilla)*, nicht gefährdet; **Gelbwangenamazone** *(Amazona autumnalis)*, nicht gefährdet; MITTE: **Hyazinth-Ara** *(Anodorhynchus hyacinthinus)*, gefährdet; RECHTE SEITE: **Goldbauch-sittich** *(Neophema chrysogaster)*, vom Aussterben bedroht

Scharlachsichler *(Eudocimus ruber)*,
nicht gefährdet

Karotinoidpigmente aus den Garnelen und
anderen roten Schalentieren, die den Großteil der
Nahrung des Vogels ausmachen, verleihen dem
Gefieder des Scharlachsichlers seine gerade
überirdische Färbung.

3 / IM FLUG

FEDERN / FLUGSTIL / SCHWARMBILDUNG / MIGRATION

88   94   100   106

AM HIMMEL HOCH

Die Fähigkeit, vom Boden abzuheben und zu fliegen, klingt in unseren Ohren so verlockend, dass sie sich viele Menschen als Superkraft wünschen würden – noch vor Fähigkeiten wie Gedanken zu lesen oder sich unsichtbar machen zu können, unsterblich zu sein oder Zeitreisen unternehmen zu können. Eine seltsame Wahl, ist das Fliegenkönnen doch ein Phänomen aus dem wirklichen Leben. Vögel beispielsweise tun es die ganze Zeit.

Wenn ich ein Vöglein wär' ... könnten wir die Welt von einem höheren Standpunkt aus betrachten und von irdischeren Zerstreuungen ablassen. Das Fliegen ist auch mit der Poetik der Liebe verbunden, als eröffne das Ausbreiten der Schwingen ungeahnte Tiefen. Wer fliegt, scheint der Schwerkraft zu trotzen.

Für den Vogel jedoch ist das Fliegen etwas weitaus Praktischeres: ein Transportmittel, das ihn von A nach B bringt. Rund 99,5 Prozent aller heute noch lebenden Vogelarten können fliegen, und selbst die, die es nicht können – die Pinguine oder Kiwis etwa –, stammen wahrscheinlich von flugfähigen Vorfahren ab.

Von der Entwicklung des Gefieders zur Fortbewegung über die soziale Interaktion bis zur Langstreckenmigration bestimmt das Fliegen den Großteil des Vogeldaseins.

Raubseeschwalbe *(Hydroprogne caspia)*, **nicht gefährdet**

Die Raubseeschwalbe, die größte Seeschwalbenart, ist ein kräftiger Flieger, der in Nistpopulationen von bis zu 10.000 Einzelvögeln überall auf der Welt vorkommt.

Zügelpinguin *(Pygoscelis antarcticus)*, **nicht gefährdet**

Die meisten Vögel können fliegen, und selbst flugunfähige Artgenossen wie der antarktische Zügelpinguin stammen wahrscheinlich von flugfähigen Vorfahren ab.

DAS GEFIEDER IM DETAIL

Warum Federn vor Millionen von Jahren entstanden sind, ist uns immer noch ein Rätsel. Fossilien zeigen, dass viele Dinosaurier Federn hatten, lange bevor sich der erste Vogel in die Luft erhob, und dass die frühen Federn mehreren Funktionen dienten: dem Wärmeerhalt, der Farbgebung, dem Gleichgewicht und möglicherweise auch der Verteidigung.

Noch sind sich die Wissenschaftler nicht einig, ob sich die Flügel entwickelten, damit die Vögel hügelaufwärts laufen (mehr Schub durch Flügelschlagen), den Hügel hinuntergleiten (wie ein Flughörnchen) oder irgendetwas anderes damit tun konnten. Auf diesem Gebiet gibt es einige widerstreitende Theorien.

Das moderne Gefieder vereint Leichtgewichtigkeit mit Haltbarkeit, Biegsamkeit und Belastbarkeit. Davon abgesehen, dass die Federn auf jedem Flügel eine Tragfläche bilden, regulieren sie auch die Körpertemperatur, halten Wasser ab und dienen der Tarnung. Und die allerschönsten Federn sind Bestandteil des Balzrituals.

Raggi-Paradiesvogel
(Paradisaea raggiana), **nicht gefährdet**

Andamanen-Schleiereule *(Tyto alba deroepstorffi)*, **nicht gefährdet**

Die Schwungfedern der Andamanen-Schleiereule sind perfekt an das lautlose nächtliche Fliegen angepasst.

Unterart der Eiderente
(Somateria mollissima dresseri),
potenziell gefährdet

Als in der Arktis nistende Art braucht
die Eiderente ein besonders dichtes
Gefieder, um sich warm halten zu
können – daher sind Eiderdaunen
nicht nur leichter und wärmer, sondern
auch teurer als jede synthetische
Bettdeckenfüllung.

ECHTE HINGUCKER

Viele Papageienarten verfügen über spezielle Kopffedern, die sie nach Belieben aufstellen und wieder anlegen können. Mit der Haube oder dem Schopf können die intelligenten Tiere kommunizieren und Gefühle vermitteln. Zudem ist die Haube Teil komplexer Balzrituale und dient auch dazu, potenzielle Fressfeinde in die Flucht zu schlagen, indem sich der Vogel mit den Kopffedern größer macht, als er eigentlich ist.

LINKE SEITE: **Nasenkakadu** *(Cacatua tenuirostris)*, nicht gefährdet; DIESE SEITE, IM UHRZEIGERSINN VON OBEN LINKS: **Gelbhaubenkakadu** *(Cacatua galerita)*, nicht gefährdet; **Nymphensittich** *(Nymphicus hollandicus)*, nicht gefährdet; **Palmkakadu** *(Prosciger aterrimus)*, nicht gefährdet; **Helmkakadu** *(Callocephalon fimbriatum)*, nicht gefährdet; **Gelbwangenkakadu** *(Cacatua sulphurea)*, vom Aussterben bedroht

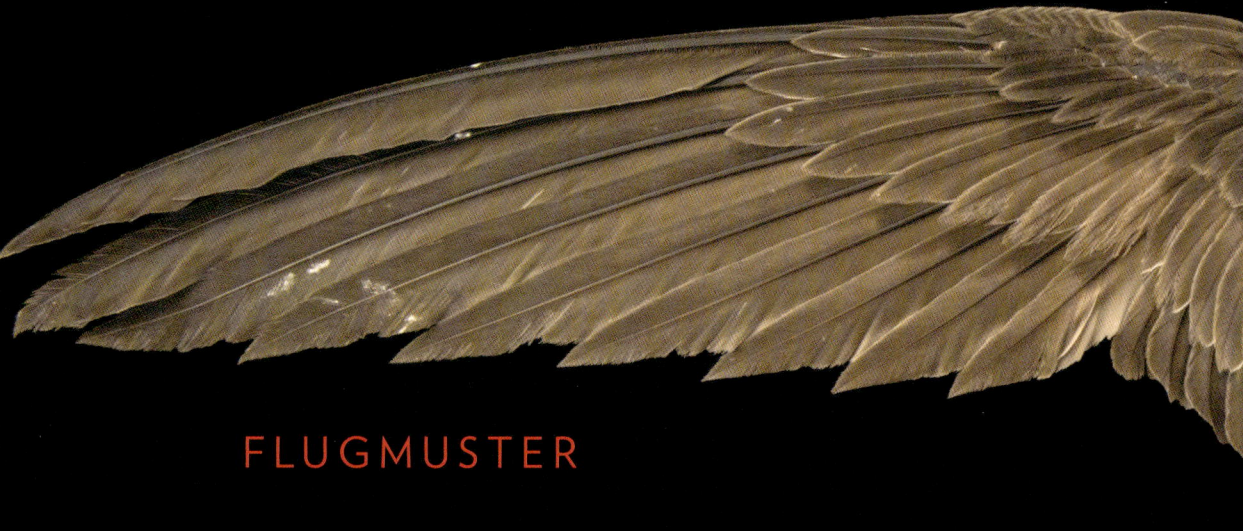

FLUGMUSTER

Einige Vögel fliegen mit der Eleganz einer Ballerina, andere machen dabei eher einen tollpatschigen Eindruck. Die verschiedenen Flugstile erfordern verschiedene Flügelschläge, und der einzelne Vogel wählt seinen Flugstil immer je nach gegebener Situation.

Oft lässt sich der Flugstil schon anhand der Flügelform vorhersagen. Der in Europa nistende Mauersegler verbringt praktisch sein gesamtes Leben in der Luft und besitzt lange, schmale Flügel – ein »Format«, das gut für das Gleiten auf sanften Luftströmungen funktioniert. Dagegen besitzen Spezies, die durch dichte Wälder navigieren müssen, darunter einige Greif- sowie einige Singvögel, stumpfere Schwingen, die ihnen beim Manövrieren helfen und Kollisionen mit der Umgebung vermeiden.

Derweil fliegen Enten in einer geraden Linie, Spechte wellenförmig und Eisvögel schweben zuerst in der Luft, bevor sie mit dem Kopf voran ins Wasser hinabstoßen. Und im Gegensatz zu allen anderen Vögeln können Kolibris ihre Flügel um fast 180 Grad drehen und so rückwärts und erstaunlicherweise sogar kopfüber fliegen.

Mauersegler *(Apus apus)*, nicht gefährdet

Braunkopfliest
(Halcyon albiventris), nicht gefährdet

Im südlichen Afrika bekommt man den Braunkopfliest mit seinen himmelblauen Schwanz- und
Schwungfedern häufiger zu sehen.

Weißnackenkolibri *(Florisuga mellivora)*, nicht gefährdet

Kolibris unterscheiden sich von allen anderen Vogelarten dadurch,
dass sie ihre Flügel um beinahe 180 Grad drehen und somit
in der Luft schweben und sogar rückwärts fliegen können.

Büffelkopfente *(Bucephala albeola)*, **nicht gefährdet**

Die kleine, relativ kompakte Büffelkopfente
fliegt mit surrenden, raschen Flügelschlägen.

Bandamadine *(Amadina fasciata)*, nicht gefährdet

DIE VORZÜGE DES SCHWARMS

Ebenso wie eine Büffelherde, eine Delfinschule oder andere Tiere, die sich zu Gruppen zusammenschließen, verhält sich auch ein Schwarm Vögel in vielerlei Hinsicht auf vorhersagbare Weise. Viele Arten tun sich der Sicherheit und Geselligkeit wegen zu derlei Gruppen zusammen. Und manchmal bewegen sich die Mitglieder der Gruppe wie ein einzelner Organismus.

In der Luft profitieren Gänse beispielsweise von v-förmigen Formationen, bei denen der Anführer stetig wechselt, um Erschöpfung zu vermeiden, während die dicht zusammengedrängte Schar am Boden die Tiere vor Beutegreifern schützt. Manche Stare und Finken versammeln sich im Winter millionenfach, verlassen den Schwarm im Frühjahr aber zugunsten eines Paarungspartners und eines eigenen Reviers.

Doch nicht alle Vögel bilden Schwärme. Kolibris etwa sind von Natur aus unruhig und bleiben nicht lang in zusammenhängenden Gruppen. Auch Albatrosse sind in der Regel Einzelgänger. Sie versammeln sich lediglich an Nahrungsquellen sowie in Brutkolonien, weil ihre übliche Lebensweise auf dem offenen Meer ein Zusammenbleiben erschwert.

Zwerggans *(Anser erythropus)*, gefährdet

Viele Wasservögel, darunter auch die in Russland nistende
Zwerggans, schließen sich während der Zugphase sowie im
Winter zu großen Scharen zusammen.

STARVARIATIONEN

Den inzwischen auch in den USA verbreiteten Gemeinen Star kennen alle nordamerikanischen und europäischen Vogelliebhaber gut, doch ist die Starfamilie insgesamt überraschend vielfältig. Die meisten Stararten sind in Afrika und Asien heimisch und zeichnen sich durch gesellige, schillernde und unbestreitbar hinreißende Individuen aus. Doch die Vögel besitzen nicht nur ein wunderschön buntes und glänzendes Gefieder, sondern auch eine hohe Intelligenz. So ahmen sie beispielsweise Geräusche aus ihrer Umgebung nach, auch Profaneres wie Autoalarmanlagen oder die menschliche Stimme.

LINKE SEITE, IM UHRZEIGERSINN VON OBEN LINKS: **Purpurglanzstar** *(Lamprotornis purpureus)*, nicht gefährdet; **Dreifarben-Glanzstar** *(Lamprotornis superbus)*, nicht gefährdet; **Königsglanzstar** *(Lamprotornis regius)*, nicht gefährdet; **Langschwanz-Glanzstar** *(Lamprotornis caudatus)*, nicht gefährdet; **Schwarzhalsstar** *(Gracupica nigricollis)*, nicht gefährdet. DIESE SEITE, IM UHRZEIGERSINN VON OBEN: **Schillerglanzstar** *(Lamprotornis iris)*, nicht gefährdet; **Schwarzflügelstar** *(Acridotheres melanopterus)*, vom Aussterben bedroht; **Purpurglanzstar** *(Lamprotornis purpureus)*, nicht gefährdet

Küstenseeschwalbe *(Sterna paradisaea)*, nicht gefährdet

DIE VIELFALT DER ZUGVÖGEL

Vor über 2.000 Jahren erklärte der griechische Philosoph Aristoteles das jährliche Verschwinden von Gartenrotschwanz, Schwalbe und anderen europäischen Vögeln mit Verwandlung und Winterschlaf. Der Gartenrotschwanz, so Aristoteles, verwandle sich jeden Winter in ein Rotkehlchen, während die Schwalbe in Löchern im Boden überwintere.

Heute wissen wir es besser. Verschwinden Vögel zum Wechsel der Jahreszeiten, machen sie sich oft auf zu wärmeren Gefilden oder weit entfernten Brutgebieten. Doch alles wissen wir noch längst nicht über die Zugvögel und ihre Zugrouten: Erst im Jahr 2010 etwa folgte man einer Küstenseeschwalbe auf ihrer gesamten, über 70.000 Kilometer langen Reise von den Nistplätzen in Grönland zum antarktischen Packeis – der längsten Migrationsroute im ganzen Tierreich.

Die GPS-Technologie macht es möglich, dass wir die Vögel auf ihren unglaublichen Wanderungen heute gewissermaßen begleiten können. Die Pfuhlschnepfe fliegt nonstop von Alaska nach Neuseeland, die Purpurschwalbe verbringt nach der Brutsaison in Kanada den Winter am Amazonas. Ach ja: Und Aristoteles' Gartenrotschwanz fliegt von Griechenland nach Zentralafrika, was beinahe ebenso eindrucksvoll ist, wie es die Verwandlung in ein Rotkehlchen wäre.

Unterart des Gänsegeiers *(Gyps fulvus fulvus)*, **nicht gefährdet**

Nicht alle Vögel wechseln im Winter das Quartier. Der Gänsegeier verbleibt normalerweise in seinem Revier, wenngleich die Jungvögel auf der Suche nach einem geeigneten Territorium weite Strecken zurücklegen können.

Jungfernkranich *(Anthropoides virgo)*, nicht gefährdet

Jungfernkraniche begeben sich auf einen der anstrengendsten Vogelzüge der Welt und überqueren auf ihrem Weg von der Mongolei nach Indien sogar den Himalaja. Dabei fordern die extreme Höhe, Stürme und räuberische Steinadler jedes Jahr ihren Tribut.

**Weißstorch *(Ciconia ciconia)*,
nicht gefährdet**

Nachdem sie den Winter in Afrika
verbracht haben, fliegen die
Weißstörche um das Mittelmeer
herum, um auf europäischen
Dächern zu nisten.

4 / NAHRUNG

SPEISEPLAN / NAHRUNGSSUCHE / AASFRESSER

120   128   136

ZU STOPFENDE MÄULER

Wenn jemand kaum Appetit hat, heißt es zwar »Er isst wie ein Spatz.«, doch würde der Mensch beim Esswettbewerb mit einem Vogel auf jeden Fall den Kürzeren ziehen. Die Meise beispielsweise verzehrt täglich rund ein Drittel des eigenen Körpergewichts; würde ein Mensch es ihr gleichtun wollen, müsste er bei einem Körpergewicht von 80 Kilogramm demnach mehr als 25 Kilogramm Nahrung verputzen – vom Frühstück bis zum Abendessen, wohlgemerkt! Kolibris nehmen das Äquivalent ihres gesamten Körpergewichts in Form von Nektar auf, eine 5,5 Kilogramm schwere Kanadagans frisst (und entsorgt) knapp 1,5 Kilo Gras pro Tag. Kein Wunder, dass die Tiere bei Golfplatzbesitzern nicht so gut ankommen.

Viele Vögel verbrauchen den Großteil ihrer Energie auf der Nahrungssuche, das Fressen scheint für sie also eine nicht enden wollende Aufgabe zu sein. Kaum ist eine Mahlzeit beendet, beginnt auch schon die nächste. Der Waldsänger fängt an einem langen Tag bis zu 1.000 Insekten, manche Eulen jagen die ganze Nacht über. Doch nicht alle Vögel müssen so unermüdlich für ihre Nahrung arbeiten: Der Schreiseeadler fängt einen Fisch mitunter in zehn Minuten.

Dabei ist die Nahrungssuche natürlich immer auf die jeweilige Nahrung abgestimmt, und auf dem Speiseplan steht Verschiedenes, von Körnern, Nüssen und Samen bis zu Meeresfrüchten, von lebender Beute bis zu überfahrenen Tieren.

Salvadorikrähennestlinge *(Corvus orru)*, **nicht gefährdet**

Hungrige Nestlinge rufen nach einer Mahlzeit. Es dauert rund 40 Tage,
bis eine junge Salvadorikrähe das Nest verlassen kann –
und selbst dann bleibt sie noch mehrere Monate lang bei den Elternvögeln,
die ihr beibringen, wie sie für sich selbst sorgen kann.

Steinwälzer *(Arenaria interpres)*, nicht gefährdet

Der an der Küste lebende Steinwälzer benutzt
seinen schmalen, spitzen Schnabel zum Umdrehen
kleinerer Steine, unter denen sich Wirbellose und
andere Beutetiere versteckt haben.

Bartkauz *(Strix nebulosa)*, **nicht gefährdet**

Mit seinem außergewöhnlich großen Gesichtsschleier nimmt der Bartkauz die Geräusche selbst
kleinster Säugetiere wahr, auch wenn diese sich
beispielsweise unter einer Schneedecke versteckt
haben. Der Ansitzjäger spürt seine Beute mit
geradezu atemberaubender Präzision auf.

WAS GIBT'S ZU ESSEN?

Wie die meisten anderen Lebewesen brauchen auch Vögel Kohlenhydrate, Fette, Proteine, Vitamine und Mineralstoffe, um gesund zu bleiben. Manche sind bezüglich ihrer Nahrung etwas wählerisch, d. h. ausgesprochene Nahrungsspezialisten, während andere als Aasfresser alles nehmen, was ihnen vor den Schnabel kommt. Dabei verfügt jede Art über ihre ganz eigenen Methoden der Nahrungssuche, seien sie erlernt oder instinktiv oder eine Kombination aus beidem.

Viele Vogelspeisepläne sind recht monoton. Der Schneckenweih etwa frisst sein gesamtes Leben lang praktisch nichts anderes als Süßwasserschnecken. Ob er sie wohl wirklich so zum Fressen gernhat – oder sie einfach nur für selbstverständlich hält?

Der Geschmackssinn des Vogels ähnelt vermutlich dem des Menschen, da seine Geschmacksknospen ebenso wie die unseren zwischen sauer, süß und bitter unterscheiden können. Der Mensch allerdings besitzt rund 10.000 Geschmacksknospen, während diese beim Vogel auf weniger als 500 beschränkt sind – was den Schluss nahelegt, dass es sich bei den meisten Vögeln nicht gerade um Feinschmecker handelt.

Präriebussard *(Buteo swainsoni)*, nicht gefährdet

Kapuzinervogel *(Perissocephalus tricolor)*,
nicht gefährdet

Der im nordöstlichen Südamerika heimische
Kapuzinervogel ernährt sich zwar überwiegend
von Früchten, ergänzt seine Nahrung aber hin
und wieder auch mit Insekten.

Carolinanachtschwalbe
(Antrostomus carolinensis), nicht gefährdet

Der weit aufreißbare Schnabel erleichtert dem nachtaktiven Vogel das Fangen nachts fliegender Insekten wie Motten und Käfer. Zudem verschmäht die Carolinanachtschwalbe aber auch sehr kleine Vögel und Fledermäuse nicht.

123

Regenbrachvogel
(Numenius phaeopus), nicht gefährdet

Viele Küstenvögel, darunter auch der
Regenbrachvogel, besitzen einen langen,
schmalen Schnabel, der sich bestens zum
Herumstochern in Sand und Schlamm eignet.
Die Spitze des Schnabels ist so feinnervig,
dass der Vogel damit einen sich windenden
Wurm im Boden aufspüren kann.

GEFRÄSSIGER HORNVOGEL

Die in ganz Afrika, Asien und Melanesien vorkommenden Hornvögel sind Allesfresser, auf dem Speiseplan stehen verschiedene Früchte sowie kleinere Tiere. Sie halten die Bissen mit der Schnabelspitze fest und werfen sie sich dann selbst in den Rachen.

LINKE SEITE: **Nördlicher Hornrabe** *(Bucorvus abyssinicus)*, nicht gefährdet. DIESE SEITE, IM UHRZEIGERSINN VON OBEN LINKS: **Unterart des Tariktik-Hornvogels** *(Penelopides panini panini)*, stark gefährdet; **Runzelhornvogel** *(Rhabdotorrhinus corrugatus)*, potenziell gefährdet; **Furchenhornvogel** *(Rhyticeros undulatus)*, nicht gefährdet; **Sulawesi-Hornvogel** *(Rhabdotorrhinus exarhatus)*, gefährdet; **Rotschnabeltoko** *(Tockus erythrorhynchus)*, nicht gefährdet

FIT FÜR DIE
FUTTERSUCHE

Je kleiner der Vogel, desto größer die Nahrungsportion im Verhältnis zur Körpergröße. Sehr kleine Vögel brauchen einen konstanten Kaloriennachschub, um den Wärmeverlust über die relativ große Körperoberfläche auszugleichen. Kolibris, die kleinsten aller Vögel, etwa sind ungeheuer feingetunte Fressmaschinen, während große Greifvögel sogar eine Weile hungern können, ohne Schaden zu nehmen.

Als Gesamtgruppe besetzen Vögel eine eindrucksvolle Vielfalt biologischer Nischen. So tauchen Königspinguine in der sogenannten Echostreuschicht annähernd 300 Meter unter der Meeresoberfläche nach ihrer Beute, den Laternenfischen. Zwergflamingos versammeln sich in Scharen an afrikanischen Seen, deren Wasser so alkalisch ist, dass Pflanzen dort nicht überleben können, und stochern mit ihrem kielförmigen Schnabel darin nach Blaualgen. Bemerkenswert an das Fangen von Fischen angepasst ist auch der Brillenpelikan, dessen Schnabel mehr Fische fasst als sein Magen: Ersterer hat ein Fassungsvermögen von über elf Litern Wasser, Letzterer nur eines von knapp vier Litern.

Brillenpelikan *(Pelecanus conspicillatus)*, nicht gefährdet

Der Schnabel des Brillenpelikans ist einen halben Meter lang und hat ein Fassungsvermögen von über elf Litern.

Weißbauchtölpel *(Sula leucogaster)*, nicht gefährdet

Um nah an der Meeresoberfläche Fische zu fangen, bedient sich der Weißbauchtölpel der Technik des Stoßtauchens.

DIE SCHAR DER REGENPFEIFER

Die kleinen bis mittelgroßen Watvögel kann man an Küstenstrichen häufiger sehen. Es gibt rund 60 verschiedene Regenpfeiferarten, die mit Ausnahme der Sahara und der Pole auf der ganzen Welt verteilt sind und überwiegend wassernahe Habitate bevorzugen. Im Gegensatz zu Küstenvögeln mit einem längeren Schnabel jagen die Regenpfeifer nach Sicht, indem sie zunächst stocksteif dastehen und ihre Beute beobachten. Sie rennen kurze Strecken und bleiben dann wieder stehen, als spielten sie das »Einfrierspiel«.

LINKE SEITE, IM UHRZEIGERSINN VON OBEN LINKS: **Amerika-Sandregenpfeifer** *(Charadrius semipalmatus),* nicht gefährdet; **Keilschwanz-Regenpfeifer** *(Charadrius vociferus),* nicht gefährdet; **Bronzekiebitz** *(Vanellus chilensis),* nicht gefährdet; **Spornkiebitz** *(Vanellus spinosus),* nicht gefährdet; **Maskenkiebitz** *(Vanellus miles),* nicht gefährdet; **Kiebitzregenpfeifer** *(Pluvialis squatarola),* nicht gefährdet. DIESE SEITE, IM UHRZEIGERSINN VON OBEN LINKS: **Maskenkiebitz, Jungvogel** *(Vanellus miles),* nicht gefährdet; **Schneeregenpfeifer** (Charadrius nivosus), potenziell gefährdet; **Gelbfuß-Regenpfeifer** *(Charadrius melodus),* potenziell gefährdet

Königspinguin *(Aptenodytes patagonicus)*, **nicht gefährdet**

Die großen Pinguine – größer ist nur noch der Kaiserpinguin –
können bis zu annähernd 300 Meter tief tauchen, um
Laternenfische und andere Tiefseebeute zu jagen.

DIE PERFEKTION DER
AASFRESSER

Geier sind die Hygienepolizei der Natur. Sie entsorgen verwesende Kadaver, werden dafür aber unfairerweise oft als hässlich, unheimlich und schmutzig beschimpft. Dabei sollten sie dafür gefeiert werden, dass sie die Umwelt sauber und den Kreislauf des Lebens in Bewegung halten.

Zudem gehören Geier zu den faszinierendsten Geschöpfen überhaupt. Selbstbewusst und elegant erheben sie sich in die Lüfte, wozu sie in der Thermik, den warmen Aufwinden, kaum einen Flügelschlag brauchen. Die kahlen Köpfe, die bei manchen Arten bunt verziert sind, werden penibelst sauber gehalten. Viele Geierspezies sind überraschend scheu und nisten ausschließlich auf abgelegenen Klippen oder in verborgenen Höhlen. Manche benutzen den ausgeprägten Geruchssinn, um Nahrung aufzustöbern, andere verlassen sich dafür auf das nicht minder ausgeprägte weitreichende Sehvermögen.

Die Magensäure der Tiere zersetzt praktisch alles, ihnen können weder Botulismus- noch Milzbrandsporen etwas anhaben. Dementsprechend ist auch das Endprodukt der Geierverdauung nicht ansteckend, sondern könnte in geringer Dosis sogar als Desinfektionsmittel verwendet werden.

Kapgeier *(Gyps coprotheres)*, **stark gefährdet**

UNTERSCHÄTZTE
KREATUREN

Die meisten Geier verfügen über einen gebogenen Schnabel zum Zerreißen von Fleisch, über kahle Köpfe, um sich sauber zu halten und zur Regulierung der Körpertemperatur, sowie über lange, breite Schwingen, mit denen sie sich effizient in die Lüfte erheben können. Aus der Nähe betrachtet sind die Vögel ruhig und neugierig. Geier kommen auf fast allen Kontinenten der Erde vor, nur Australien und Antarktika besitzen keine einheimischen Geierspezies. Manche Arten sind recht gesellig und versammeln sich an größeren Kadavern zu gemeinsamen Mahlzeiten.

LINKE SEITE, IM UHRZEIGERSINN VON OBEN LINKS: **Schneegeier** *(Gyps himalayensis)*, potenziell gefährdet; **Unterart des Schmutzgeiers** *(Neophron percnopterus ginginianus)*, stark gefährdet; **Großer Gelbkopfgeier** *(Cathartes melambrotus)*, nicht gefährdet; **Bengalgeier** *(Gyps bengalensis)*, vom Aussterben bedroht; **Mönchsgeier** *(Aegypius monachus)*, potenziell gefährdet. DIESE SEITE, IM UHRZEIGERSINN VON OBEN: **Kahlkopfgeier** *(Sarcogyps calvus)*, vom Aussterben bedroht; **Rabengeier** *(Coragyps atratus)*, nicht gefährdet; **Palmgeier** *(Gypohierax angolensis)*, nicht gefährdet

Königsgeier *(Sarcoramphus papa)*, **nicht gefährdet**

Der in Mittel- und Südamerika heimische Königsgeier
taucht in der Folklore der Maya häufiger auf.

5 / DIE NÄCHSTE GENERATION

GESCHLECHT / GESANG / BALZ / MONOGAMIE / NESTER

148   154   158   164   170

KOMPLEXE RITUALE

Wie alles andere, was lebt, müssen auch Vögel ein Erbe weitergeben – genauer: sich reproduzieren –, damit die Spezies überlebt. Die Geschichte der Fortpflanzung ist so alt wie die Bienchen und Blümchen selbst.

Bei all den Komplexitäten, die daran beteiligt sind, ist es mitunter schwer vorstellbar, dass eine Generation erfolgreich die nächste erschaffen soll. Da muss so vieles stimmen: Männchen und Weibchen müssen einander finden, Gesänge müssen gesungen und Tänze getanzt werden. Der Nachwuchs braucht Nahrung und Führung, einiger mehr als anderer, um gesund zu bleiben und zu gedeihen. In diesem komplexen Fluss der Gene muss jeder Einzelne seine Rolle spielen und die Informationen übermitteln, die nötig sind, damit ein neuer Jahrgang es mit der Welt aufnehmen kann.

Und dennoch sind die Generationen von Vögeln, die wir heute sehen können, aus zig Millionen Vorgängergenerationen entstanden. Sie haben vielschichtige Systeme entwickelt, um die Kontinuität sicherzustellen – von den Balzritualen des Graurücken-Leierschwanzes bis zu dem spitz zulaufenden, gefleckten Ei der Trottellumme. Denn egal wie viele Generationen es vorher gegeben hat, die Zukunft hängt immer von der nächsten ab.

Königssittich *(Alisterus scapularis)*, **nicht gefährdet**

Auch beim Königssittich findet sich wie bei vielen anderen Vogelarten
ein ausgeprägter Geschlechtsdimorphismus: So sind die männlichen Königssittiche
immer leuchtender und bunter befiedert als die Weibchen.

Graurücken-Leierschwanz
(Menura novaehollandiae), **nicht gefährdet**

Den Graurücken-Leierschwanz, einen der größten
Singvögel der Welt, erkennt man leicht an seinen
langen, kunstvollen Schwanzfedern.

Rotschulterente *(Callonetta leucophrys)*, nicht gefährdet

MÄNNCHEN UND WEIBCHEN

Bei vielen Vogelarten sehen die Geschlechter gleich aus, zumindest für das menschliche Auge. Bei anderen aber unterscheiden sich Männchen und Weibchen erheblich voneinander – bei Edelpapageien sogar so erheblich, dass man viele Jahre lang glaubte, es handle sich um zwei verschiedene Spezies.

In manchen Fällen geben die Unterscheide Hinweise auf die Nistgewohnheiten. So sind monogame Elternvögel, die sich die Bebrütung und die Fütterung der Jungen teilen, wie das beispielsweise bei Gänsen der Fall ist, meist kaum voneinander zu unterscheiden. Bei Arten, bei denen die Aufzucht der Jungen der Mutter zufällt, also beispielsweise bei zahlreichen Entenarten, sind Männchen und Weibchen auf den ersten Blick zu erkennen. Das Weibchen braucht Tarnung, wenn es auf dem Nest sitzt, während es sich das müßige Männchen leisten kann, etwas auffälliger daherzukommen. Es scheint nicht fair, dass die Männchen offensichtlich immer mehr Farbe abbekommen, aber Weibchen, aufgepasst: Sie tun es für euch! Das leuchtend bunte Gefieder männlicher Vögel ist der sexuellen Selektion geschuldet. Mit anderen Worten: Die Farben haben sich entwickelt, weil die Weibchen auf angeberische Männchen stehen, ist dies doch ein Zeichen von Gesundheit und Vitalität.

Rosenköpfchen
(Agapornis roseicollis), nicht gefährdet

Obwohl Männchen und Weibchen
hier einander ähneln, so hat das
männliche Rosenköpfchen doch einen
leuchtenderen rötlichen Kopf als
seine Partnerin.

Schopfalk *(Aethia cristatella)*, **nicht gefährdet**

Da sich Schopfalke die Pflichten der Bebrütung
und der Aufzucht der Jungen teilen, sind
Männchen und Weibchen kaum voneinander
zu unterscheiden.

Malayischer Spiegelpfau
(Polyplectron malacense), **gefährdet**

Geschlechtsreife Malayische Spiegel-
pfauen besitzen alle ein geflecktes
Schwanzgefieder, doch ist das Weibchen
(links) etwas kleiner als das Männchen
und hat auch keinen Schopf.

PAARUNGSRUFE

Der Gesang der Nachtigall und der Lerche inspiriert die Dichter schon seit Hunderten von Jahren, das kettensägenähnliche »Lied« des Gelb-kopf-Schwarzstärlings oder den schrillen Ruf des Wachtelkönigs hat bislang allerdings kaum einer besungen. Was die Lautäußerungen betrifft, so sind diese bei Vögeln ebenso vielfältig und charakteristisch wie deren äußere Erscheinung.

Der Vogelgesang dient zahlreichen praktischen Zwecken. Die Männchen singen, um ihr Revier gegenüber anderen Männchen zu verteidigen, und Elternvögel singen dem Nachwuchs vor. Die Weibchen mancher, vor allem in den Tropen beheimateter Arten stimmen mit dem Partner derart präzise ein gemeinsames Duett an, dass das ungeübte Ohr es für den Gesang eines einzelnen Vogels halten könnte. Einige Vögel, darunter Spottdrosseln und Stare, bauen Elemente der Gesänge anderer Vögel in den eigenen ein.

Bei der Balz spielt der Gesang noch einmal eine besondere Rolle. Er kann über Felder, Wälder und rauschende Bäche hinweg erklingen und kündet jedem, der hören kann und will, von der Anwesenheit des Sängers.

Wachtelkönig, auch Wiesenralle genannt *(Crex crex)*, **nicht gefährdet**

BEACHTLICHE
GESÄNGE

Vögel haben ein großes Repertoire. Die Walddrossel klingt wie eine Flöte, der Gelbkopf-Schwarzstärling eher wie eine Kettensäge, und auch so ziemlich alles dazwischen ist vertreten.

LINKE SEITE: **Walddrossel** *(Hylocichla mustelina)*, potenziell gefährdet. DIESE SEITE, IM UHRZEIGER-SINN VON OBEN LINKS: **Pirolsänger** *(Hypergerus atriceps)*, nicht gefährdet; **Dschungeldrossling** *(Turdoides striata)*, nicht gefährdet; **Gelbkopf-Schwarzstärling** *(Xanthocephalus xanthocephalus)*, nicht gefährdet; **Sonnenvogel** *(Leiothrix lutea)*, nicht gefährdet; **Zitronenwaldsänger** *(Protonotaria citrea)*, nicht gefährdet

BALZSPIELE

Bei der Partnersuche unter Vögeln sind körperliche Fitness und Engagement die besten Indikatoren für gutes Zuchtmaterial. Manche Vögel sind zu passiv, zu schwach oder zu unerfahren, um sich angemessen um die Jungen kümmern zu können. Und einen Faulpelz wünscht sich nun einmal niemand als Partner.

Aus diesem Grund hat die Natur den Balztanz erfunden, bei dem das Weibchen herausfinden kann, was das Männchen draufhat. Insbesondere Kraniche sind für ihre eleganten Tanzfiguren berühmt, bei denen sie mit ausgebreiteten Flügeln posieren und abwechselnd dazu in die Luft springen. Heranwachsende Albatrosse tanzen manchmal jahrelang auf windgepeitschten Inseln, bevor es zur Partnerwahl kommt. Und tief im südamerikanischen Nebelwald schlägt der männliche Andenklippenvogel im Kampf um das begehrte Weibchen seine ritualisierten Kapriolen.

Was Hingabe und Engagement angeht, so kann es wohl kein anderer Vogel mit den Paradiesvögeln Neuguineas aufnehmen, die sich im Morgengrauen zu bizarren Verrenkungen hinreißen lassen, um die Weibchen zu beeindrucken. Mit ihrem überaus kunstvollen Gefieder und den lauten Balzgesängen sind sie zweifelsohne die Performancekünstler der Vogelwelt.

Kanadakranich *(Antigone canadensis)*, **nicht gefährdet**

Kragenparadiesvogel *(Lophorina superba)*,
nicht gefährdet

Beim Balztanz um das Weibchen setzt der
Kragenparadiesvogel auf ein deltaförmiges
Brustschild schillernder Federn.

**Roter Paradiesvogel
(Paradisaea rubra), potenziell gefährdet**

Das knallbunte Gefieder mit seinen auffällig
langen Kopf- und Schwanzfedern ist das
Erkennungsmerkmal des Roten Paradiesvogels.

Unterart des Andenklippenvogels
(Rupicola peruvianus aequatorialis), nicht gefährdet

In den Nebelwäldern Südamerikas versammeln
sich die männlichen Andenklippenvögel zu regelrechten
Tanzwettkämpfen, bei denen sie um die Zuneigung
vorüberfliegender Weibchen buhlen.

PARTNERSCHAFTS-PARAMETER

Rund 90 Prozent aller Vögel leben monogam, halten sich also zumindest bis zu einem gewissen Grad an einen Partner. In der Brutsaison bleiben die Partner zur Aufzucht der Jungen meist zusammen. Einige Vögel paaren sich auch fürs Leben, während andere munter durchwechseln – die meisten aber sind irgendwo dazwischen angesiedelt.

Schwäne, das traditionelle Symbol ewiger Liebe, trennen sich oft viele Jahre lang nicht. Eulen, Kraniche, Geier, Pinguine, Jägerlieste, Adler und Gänse sind ebenfalls durch langfristige Bande verbunden.

Kolibris hingegen trennen sich unmittelbar nach der Paarung, ebenso wie einige Kuhstärlinge, Raufußhühner und Schnepfenvögel. Zahlreiche Singvögel bilden für den Sommer ein Paar und fliegen im Herbst getrennte Wege, was möglicherweise an ihrer relativ kurzen Lebensspanne liegt.

Allerdings ist Monogamie nicht unbedingt mit Treue gleichzusetzen: Selbst Albatrosse, die für ihre gegen null gehende Scheidungsrate bekannt sind, ziehen mitunter Jungvögel mit verschiedenen Vätern auf.

Haubenliest *(Dacelo leachii)*, **nicht gefährdet**

SCHWANENGESANG

Aufgrund ihrer Eleganz und Makellosigkeit gelten Schwäne als traditionelle Symbole der Liebe und Romantik. Das Paarungsritual der Vögel ist eine komplexe und kunstvolle Kombination von Gesang und Tanz. Doch hat der Schwan seinen Partner gefunden, bleibt er meist für lange Zeit mit ihm zusammen. Die Bindung der Brutpaare hält in der Regel Jahre, manchmal sogar ein ganzes Leben, obwohl es auch hier hin und wieder zu »Scheidungen« kommt. Der Schwan verteidigt den Partner und insbesondere die Jungvögel vehement. Letztere halten sich mehrere Monate lang in der Nähe des Nests auf, wo sie wachsen, gedeihen und vom Beispiel der Eltern lernen.

LINKE SEITE, IM UHRZEIGERSINN VON OBEN LINKS: **Trauerschwan** *(Cygnus atratus)*, nicht gefährdet; **Pfeifschwan** *(Cygnus columbianus)*, nicht gefährdet; **Schwarzhalsschwan** *(Cygnus melancoryphus)*, nicht gefährdet; **Trauerschwan** *(Cygnus atratus)*, nicht gefährdet.
DIESE SEITE, IM UHRZEIGERSINN VON OBEN LINKS: **Trompeterschwan** *(Cygnus buccinator)*, nicht gefährdet; **Singschwan** *(Cygnus cygnus)*, nicht gefährdet; **Schwarzhalsschwan** *(Cygnus melancoryphus)*, nicht gefährdet

Europäischer Uhu *(Bubo bubo)*, nicht gefährdet

Wie bei vielen anderen Eulenarten bleiben auch Uhupaare
für lange Zeit zusammen.

Fleckenuhu *(Bubo africanus)*, **nicht gefährdet**

Das Fleckenuhuweibchen bebrütet die Eier zwar allein, doch bringt ihm in dieser Zeit das Männchen Futter ans Nest. Fleckenuhupaare bleiben oft ein Leben lang zusammen.

NISTINSTINKTE

Alle Vögel müssen einen Ort finden, an dem sie ungestört ihre Eier
bebrüten können, sei es nun in einer Hautfalte am eigenen Körper, in
einer Baumhöhle oder in einem Horst, der mitunter auch die Größe
eines Busses haben kann. Vogelnester überraschen immer wieder
durch ihre Schönheit und Komplexität, doch im Grunde handelt es sich
bei ihnen um ganz praktische Konstruktionen: Sie dienen einzig dazu,
die Jungen nach dem Schlüpfen sicher und warm zu halten.

Dennoch dürfen wir ruhig staunen, denn wenn der Mensch sich sein
Zuhause ohne Arme, Hände und Werkzeug bauen müsste, sähe das
Ergebnis sicher weniger praktikabel aus. Dagegen scheint der Ein-
fallsreichtum der Vögel beim Nestbau grenzenlos: Die Sägeracken
graben dazu drei Meter lange Tunnel, die Flamingos schichten
Schlamm zu kegelförmigen Bruthügeln auf.

Einige Arten überlassen die Arbeit gar anderen. So be-
ziehen Eulen gern Krähennester, während viele andere
Spezies verlassene Spechthöhlen bevorzugen. Einige
Arten wie beispielsweise der Kuckuck mogeln ihre
Eier sogar in fremde Gelege, in der Hoffnung, dass
die Pflegeeltern den Unterschied nicht bemerken.

Goldkopftrogon *(Pharomachrus auriceps)*, nicht gefährdet

FRISCH
GESCHLÜPFT

Jungvögel wachsen in der Regel schnell heran, manche sind bereits nach ein paar Tagen ausgewachsen. Die Vögel in sichereren Nestern, also in Höhlen oder sehr stabilen Konstruktionen, brauchen länger, doch bedeutet jeder weitere Tag im Nest ein größeres Risiko. In einem guten Nest können die Jungvögel sogar ihre Flügel ausstrecken.

LINKE SEITE, IM UHRZEIGERSINN VON OBEN LINKS: **Milchuhu** *(Bubo lacteus)*, nicht gefährdet; **Trottellummenei** *(Uria aalge)*, nicht gefährdet; **Purpur-Grackel** *(Quiscalus quiscula)*, nicht gefährdet; **Arkansaskönigstyrann** *(Tyrannus verticalis)*, nicht gefährdet; **Zwergpinguin** *(Eudyptula minor)*, nicht gefährdet; **Hawaiigans** *(Branta sandvicensis)*, gefährdet.
DIESE SEITE, IM UHRZEIGERSINN VON OBEN LINKS: **Chileflamingo** *(Phoenicopterus chilensis)*, potenziell gefährdet; **Habichtskauz** *(Strix uralensis)*, nicht gefährdet; **Büffelkopfente** *(Bucephala albeola)*, nicht gefährdet

Rötelbauchmotmot *(Momotus subrufescens)*, nicht gefährdet

Der Rötelbauchmotmot, eine Sägerackenart, legt seine
Eier in bis zu drei Meter lange Tunnel, die er in Böschungen
hineingräbt. Statt den Tunnel vom Vorjahr zu benutzen,
gräbt er jedes Jahr einen neuen.

Bienenfresser *(Merops apiaster)*, **nicht gefährdet**

Ebenso wie die Sägeracken graben auch Bienenfresser Nisthöhlen in vertikalen Uferböschungen,
doch im Gegensatz zu diesen brüten sie in Kolonien.
Dabei können mehrere Dutzend Bienenfresser-
paare einen Abhang besetzen, wobei jedes Paar
seinen eigenen Tunnel benutzt.

6 / DAS VOGELHIRN

SOZIALVERHALTEN / EMOTIONEN / INTELLIGENZ
184   188   192

NUR SPATZENHIRNE?

Niemand wird gern Spatzenhirn genannt, dabei könnte dies Forschungen zufolge sogar als Kompliment aufgefasst werden. Je mehr sich der Mensch mit dem Verhalten von Vögeln beschäftigt, desto deutlicher wird, dass Vögel über ein komplexes System an Gedanken, Empfindungen und Gefühlen verfügen, das dem unseren nicht unähnlich ist.

Vor zig Millionen Jahren entwickelten sich die Menschen und die Vögel von einem gemeinsamen Vorfahren aus auseinander, und so haben im Laufe der Zeit natürlich auch Vogel- und Menschenhirn ganz unterschiedliche Pfade genommen. Was jedoch nicht heißt, den Vögeln mangle es an Intellekt; tatsächlich haben manche Vögel in dieser Hinsicht Merkmale mit uns gemein, die kein anderes Tier vorweisen kann. Und jeder, der schon etwas Zeit mit Krähen, Raben oder Papageien verbracht hat, weiß, dass diese neugierigen Geschöpfe geistig ganz Erstaunliches zustande bringen.

Das Umfeld und dessen Herausforderungen waren es, die die Funktionsweise des Vogelhirns geprägt haben. Manche Vögel benutzen einfaches Werkzeug, manche imitieren stimmlich perfekt andere Tiere, auch den Menschen. Vögel denken zweifelsohne anders als wir, aber nur, weil wir uns für superschlau halten, bedeutet das nicht, dass unsere gefiederten Freunde auf den Kopf gefallen wären.

Adeliepinguin *(Pygoscelis adeliae)*, **nicht gefährdet**

Die mentalen Fähigkeiten der Vögel haben sich im Einklang mit ihren Gewohnheiten und ihrem Umfeld entwickelt. Der Adeliepinguin ist perfekt an das Leben in Schnee und Eis der Antarktis angepasst.

Binsenastrild *(Neochmia ruficauda)*, nicht gefährdet

Der Binsenastrild lebt im urwüchsigen australischen
Hinterland allein von Samen und Körnern.

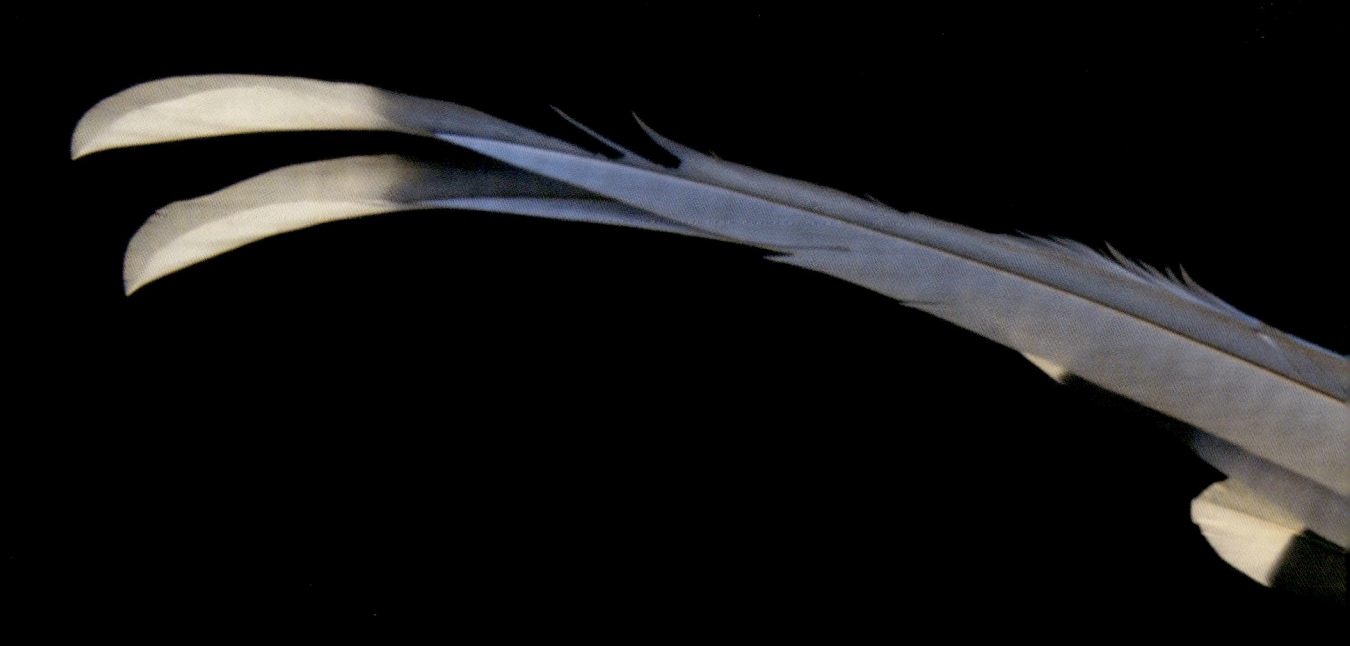

Rotschnabelkitta *(Urocissa erythroryncha)*, **nicht gefährdet**

Wie viele andere Rabenvögel ist auch der im östlichen Asien
beheimatete Rotschnabelkitta eine sehr gesellige Spezies.

GEMEINSAM SIND SIE STARK

Bei manchen Tieren entwickelt sich die Intelligenz aus den regelmäßigen Interaktionen mit sowohl Freund als auch Feind heraus. Gesellige Arten haben in der Regel größere Gehirne – vielleicht um Verbündete und Rivalen besser im Auge behalten zu können.

Aber viele Vögel schließen sich zu Gruppen zusammen; macht das allein sie schon klüger? Das hängt wahrscheinlich vom jeweiligen Vogel ab. Große Starschwärme etwa haben augenscheinlich keinen Anführer und benehmen sich deshalb auch ausgesprochen pöbelhaft. Zahlreiche andere Vögel leben dagegen in hierarchisch strukturierten Gruppen, die auf den spezifischen Beziehungen untereinander aufgebaut sind und über längere Zeit aufrechterhalten werden. Papageien und Krähen sind sehr gesellig, ebenso wie einige Greifvögel, Eulen, Spechte, Meisen, Finken, Staffelschwänze und viele andere. Und selbst im Hühnerstall herrscht eine strikte gesellschaftliche Ordnung.

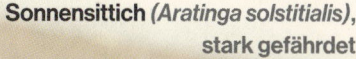

Sonnensittich *(Aratinga solstitialis)*, **stark gefährdet**

Teichralle
(Gallinula chloropus), **nicht gefährdet**

Teichrallen bilden monogame Paare und
versammeln sich manchmal in Gruppen
an Süßwasserteichen, doch insgesamt weist
die Spezies keine besonders komplexe
Sozialstruktur auf.

Prachtstaffelschwanz *(Malurus cyaneus)*, nicht gefährdet

Staffelschwänze leben das ganze Jahr über in Familienverbänden, wobei die rangniedrigeren Tiere bei der Aufzucht
der Jungen helfen. Diese Form der gesellschaftlichen
Organisation lässt sich jedoch nicht mit Treue gleichsetzen:
Die meisten Jungvögel werden von Vätern außerhalb
des Familienverbands gezeugt.

GEMISCHTE GEFÜHLE

Es dauert seine Zeit, bis man Vögel auch als Individuen kennengelernt hat. Vogelhalter berichten wiederholt von den Stimmungen und Emotionen ihrer Tiere, und zweifelsohne besitzt jeder Vogel, ob er nun frei ist oder in menschlicher Obhut lebt, eine ganz eigene Persönlichkeit.

Was genau ein Vogel fühlt, lässt sich schwer sagen, können die Tiere doch nicht direkt mit uns kommunizieren und uns wissen lassen, wie es um ihren emotionalen Zustand bestellt ist. Doch sind Gefühle wie Trauer, Liebe, Angst und Zufriedenheit sicherlich nicht auf die Spezies Mensch beschränkt. Denn beim Vogel waren definitiv die gleichen evolutionären Kräfte am Werk, die auch im Menschen die entsprechende Empfindungsfähigkeit geformt haben. Letztlich profitieren alle Lebewesen davon, wenn sie angemessen auf ihre Umgebung und Ereignisse darin reagieren können.

Manchmal sind Emotionen instinktiv und sichern das Überleben, indem sie bestimmte Verhaltensweisen verstärken. Doch woher auch immer Gefühle nun kommen: Die emotionale Chemie wirkt bei Mensch und Vogel gleichermaßen Wunder.

Kleiner Soldatenara (*Ara militaris*), gefährdet *(links)*
Gelbbrustara (*Ara ararauna*), nicht gefährdet *(rechts)*

Gimpelhäher *(Struthidea cinerea)*, nicht gefährdet

Im trockenen Terrain Ostaustraliens leben Gimpelhäher
in lautstarken Familienverbänden von bis zu 20 Individuen
zusammen.

Trottellumme *(Uria aalge)*, nicht gefährdet

Die Wasservögel nisten zu Tausenden in Kolonien, unterhalten aber keine sozialen Gruppen. Vielleicht ist es in derart großen Ansammlungen zu schwierig, den Überblick darüber zu behalten, wer wer ist.

Schildrabe *(Corvus albus)*, nicht gefährdet

ANZEICHEN VON
INTELLIGENZ

Die klügsten aller Vögel sind die Rabenvögel, d. h. Krähen, Raben, Elstern, Häher,
Dohlen, Saatkrähen, Alpendohlen, Baumeis-
ter und Tannenhäher, sowie die Papageien,
die rund 400 Arten umfassen – die klügsten zumindest
nach menschlichen Maßstäben der Intelligenz.

Wie der Mensch so sind auch diese Vögel von Natur aus gesellig, brauchen lange zur Reifung und verfügen über relativ große Gehirne. Studien
zur Kommunikation, zur rechnerischen Begabung, zum Werkzeug-
gebrauch, zur Lernfähigkeit sowie zur Eigenwahrnehmung lassen vermuten, dass sowohl Rabenvögel als auch Papageien zur kreativen und
abstrakten Denkweise fähig sind.

Doch auch andere Arten, darunter Laubenvögel und Bienenfresser, zeigen Anzeichen von Cleverness, und es ist durchaus möglich,
dass es in der Vogelwelt noch einige unerkannte Genies gibt. Dass
sich Wissenschaftler auf die Suche nach Vogelintelligenz begeben, ist relativ neu; erst seit rund zehn Jahren schreibt man
den Tieren eine sogenannte Theory of Mind zu, die Fähigkeit
zu erkennen, dass jemand anders einen Standpunkt hat, der sich
vom eigenen unterscheidet.

NAH AM GENIE

Krähen, Raben, Häher, Elstern und andere Rabenvögel sowie Papageien gelten als die intelligentesten Vogelfamilien. In Experimenten konnten sie ihre Fähigkeit zu komplexeren Gedankengängen unter Beweis stellen und bis zu einem gewissen Grad sogar die menschliche Sprache nachahmen. Der berühmte Graupapagei Alex hatte während eines 30 Jahre dauernden Experiments gelernt, sich in einfachen englischen Worten verständlich zu machen. Doch auch andere Vogelfamilien wie die Bienenfresser sind clever, meist neugierig, gesellig und weitverbreitet.

LINKE SEITE, IM UHRZEIGERSINN VON OBEN LINKS: **Rotkehlspint** *(Merops bulocki)*, nicht gefährdet; **Kiefernhäher** *(Nucifraga columbiana)*, nicht gefährdet; **Glanzkrähe** *(Corvus splendens)*, nicht gefährdet; **Edelpapagei** *(Eclectus roratus)*, nicht gefährdet; **Schwarzkehl-Elsternhäher** *(Cyanocorax colliei)*, nicht gefährdet; **Amerikanerkrähe** *(Corvus brachyrhynchos)*, nicht gefährdet. DIESE SEITE, IM UHRZEIGERSINN VON OBEN LINKS: **Blauelster** *(Cyanopica cyanus)*, nicht gefährdet; **Kappenblaurabe** *(Cyanocorax chrysops)*, nicht gefährdet; **Florida-Busch-häher** *(Aphelocoma coerulescens)*, gefährdet; **Aaskrähe** *(Corvus cornix)*, nicht gefährdet; **Graupapagei** *(Psittacus erithacus)*, stark gefährdet

Kolkrabe *(Corvus corax)*, **nicht gefährdet**

Im Kopf des Kolkraben geht immer etwas vor –
meist etwas Erstaunliches.

Kea *(Nestor notabilis)*, **gefährdet**

In seinem ursprünglichen Verbreitungsgebiet, auf der Südinsel Neuseelands, ist der Kea, der weltweit einzige im Hochgebirge lebende Papagei, bekannt dafür, Werkzeuge zu benutzen und Denksportaufgaben zu lösen.

7 / DIE ZUKUNFT

SCHUTZ / AUSSTERBEN / ANPASSUNGSFÄHIGKEIT / FREIHEIT

204   210   216   220

BLICK NACH VORN

Ohne Kristallkugel ist jeder Blick in die Zukunft nur eine Vermutung. Aufgrund wissenschaftlicher Daten und aufgrund von Computermodellen lassen sich zwar möglicherweise Vorhersagen treffen, wie es in den kommenden Jahren um die Vogelwelt bestellt sein wird, doch die Zukunft – die ihre wie die unsere – ist kompliziert und hängt zum Teil von den Entscheidungen ab, die wir heute treffen.

Die Natur steht vor vielen Herausforderungen, da das Bevölkerungswachstum die industrielle und landwirtschaftliche Entwicklung vorantreibt, vom Menschen unbesiedelte Lebensräume schrumpfen lässt und zum Aussterben von Arten führt. Trotzdem gibt es Anlass zur Hoffnung. Trotz einer zunehmend virtuellen Welt zieht es immer mehr Menschen hinaus in die Natur. Die Vogelbeobachtung, einst als schrulliges Hobby abgetan, ist, wie man so schön sagt, in der Mitte der Gesellschaft angekommen, und immer mehr Menschen beginnen zu verstehen und zu schätzen, welchen Platz Vögel in unserem Umfeld haben.

Sich nur dafür zu interessieren rettet die Vögel zwar nicht, ist aber ein guter Anfang. Zudem passen sich einige Vogelarten an die sich verändernde Landschaft an und beginnen, sich in städtischen Umgebungen neben dem Menschen zu behaupten. Ein paar haben sogar ihr Verbreitungsgebiet ausgedehnt, um sich die neuen Gegebenheiten zunutze zu machen, und sich damit als widerstandsfähiger als gedacht erwiesen.

Unterart der Virginiawachtel *(Colinus virginianus taylori)***, potenziell gefährdet**

Die »maskierte« Unterart der Virginiawachtel ist bedroht und kommt heute nur noch in Sonora, Mexiko, sowie im südlichen Arizona vor.

Kaka *(Nestor meridionalis)*, **stark gefährdet**

Der bedrohte Kaka oder Waldpapagei, eine mittelgroße Papageienart, ist aus dem Großteil seines einstigen Verbreitungsgebiets verschwunden. Zum Glück haben sich Wiederansiedlungsmaßnahmen als bescheiden erfolgreich erwiesen.

SCHUTZMASSNAHMEN

Die stetig zunehmende menschliche Bevölkerung setzt den Planeten unter Druck, die meisten Umweltbelange, mit denen wir uns derzeit auseinandersetzen müssen, sind auf die eine oder andere Weise der Überbevölkerung zuzuschreiben. Der Vogelschutz ist zuallererst eine humanitäre Aufgabe. Strebt der Mensch seines eigenen Wohlbefindens wegen einen nachhaltigen Lebensstil an, schützt er damit automatisch auch die Natur.

Dabei verdienen die Vögel unser besonderes Augenmerk. Sie werden von allen Seiten bedrängt: von invasiven Arten, von Umweltverschmutzung und Schädlingsbekämpfungsmitteln, sie fliegen gegen Glasscheiben, werden von streunenden Katzen dezimiert, prallen gegen fahrende Autos, finden keine Nahrung mehr, werden bejagt, geraten versehentlich in Netze, werden für den illegalen Haustierhandel gefangen und kollidieren mit Strommasten – ganz zu schweigen von der massiven Bedrohung des Lebensraumsverlusts durch anhaltende Landerschließung. Und obendrein wird sich der Klimawandel mit Sicherheit verheerend auf die Vogelhabitate weltweit auswirken. Laut Roter Liste der IUCN ist jeder achte Vogel gefährdet, vor allem in den Tropen. Wenn wir nicht sofort etwas unternehmen, werden auch viele weitere Säugetier-, Amphibien- und Pflanzenarten von der Oberfläche unseres Planeten verschwinden.

Blaulappenhokko (*Crax alberti*), vom Aussterben bedroht

Der vom Aussterben bedrohte Blaulappenhokko, der ausschließlich in Kolumbien vorkommt, ist nur noch durch wenige Hundert Individuen vertreten.

**Nonnenkranich *(Leucogeranus leucogeranus)*,
vom Aussterben bedroht**

In freier Wildbahn, ihrem Verbreitungsgebiet
in der arktischen Tundra, gibt es inzwischen
weniger als 3.000 der schneeweißen
Nonnenkraniche.

Waldrapp *(Geronticus eremita)*, vom Aussterben bedroht

Soweit wir wissen, ist der Waldrapp in freier Wildbahn nur noch
durch eine kleine Population in Marokko vertreten.

Malaienente *(Asarcornis scutulata)*, stark gefährdet

Die Zerstörung der Auwälder in ihrer Heimat
im südlichen Zentralasien hat die Bestände der
Malaienente stark dezimiert.

VOR DEM AUSSTERBEN BEWAHRT

Durch das Eingreifen des Menschen in letzter Sekunde ist es gelungen, einige Vogelarten vom Rand des Aussterbens zurückzuholen. Setzen wir uns den Artenschutz erst einmal wirklich in den Kopf, wird selbst das Unmögliche manchmal möglich.

Ein Beispiel dafür ist der Kalifornische Kondor. Die Gesamtpopulation des im amerikanischen Westen einst weitverbreiteten Vogels war auf lediglich 22 Individuen geschrumpft, die man gegen Ende der 1980er-Jahre alle in menschliche Obhut nahm. Nach intensiven Zuchtbemühungen konnte der Kondor wieder ausgewildert werden, heute sind in mehreren Staaten Amerikas wieder Hunderte der massiven Vögel zu finden. Sie brauchen immer noch jede Hilfe, die sie kriegen können, fliegen aber wenigstens wieder frei.

In ähnlicher Weise gibt es von der Laysanente, die nur noch durch zwölf Individuen vertreten war, heute wieder Hunderte, die Michiganwaldsängerpopulation ist von 500 auf 5.000 gestiegen und die Socorrotaube, die als in der Natur ausgestorben galt, steht kurz vor der Wiederansiedlung auf ihrer mexikanischen Heimatinsel. Glücklicherweise sind diese faszinierenden, vor dem Aussterben bewahrten Vögel noch immer Teil unserer Welt.

Kalifornischer Kondor (*Gymnogyps californianus*), vom Aussterben bedroht

Die Bestände des Kalifornischen Kondors haben sich zwar leicht erholt – sie sind von 22 Individuen wieder auf einige Hundert gestiegen –, doch außer Gefahr ist die Art noch lange nicht.

Waldstorch *(Mycteria americana)*, nicht gefährdet

1984 galt der Waldstorch in den Vereinigten Staaten noch als stark gefährdet; nach intensiven und erfolgreichen Schutzbemühungen konnte er 2014 jedoch wieder als nicht gefährdet eingestuft werden.

LEBEN AM RAND DES ABGRUNDS

Vom Aussterben bedrohte Vögel können in der Regel nur durch sehr aufwendige und konzentrierte Schutzmaßnahmen gerettet werden. Die auf dieser Doppelseite abgebildeten Arten sind nur dank Zuchtprogrammen in Gefangenschaft und Lebensraummanagement noch am Leben.

LINKE SEITE, IM UHRZEIGERSINN VON OBEN LINKS: **Hawaiibussard** *(Buteo solitarius)*, potenziell gefährdet; **Laysanente** *(Anas laysanensis)*, vom Aussterben bedroht; **Attwaters Präriehuhn** *(Tympanuchus cupido attwateri)*, gefährdet; **Madagaskar-Moorente** *(Aythya innotata)*, vom Aussterben bedroht; **Michiganwaldsänger** *(Setophaga kirtlandii)*, potenziell gefährdet; **Balistar** *(Leucopsar rothschildi)*, vom Aussterben bedroht; **Kokardenspecht** *(Leuconotopicus borealis)*, potenziell gefährdet.

DIESE SEITE, IM UHRZEIGERSINN VON OBEN LINKS: **Guamralle** *(Hypotaenidia owstoni)*, in der Natur ausgestorben; **Hawaiigans** *(Branta sandvicensis)*, gefährdet; **Socorrotaube** *(Zenaida graysoni)*, in der Natur ausgestorben; **Rosentaube** *(Nesoenas mayeri)*, stark gefährdet; **Edwardsfasan** *(Lophura edwardsi)*, vom Aussterben bedroht

Felsentaube *(Columba livia)*, nicht gefährdet

Die von der Felsentaube abstammende Stadttaube ist in den meisten urbanen Zentren auf der ganzen Welt ein häufiger Anblick. Sie ernährt sich von weggeworfenem Essen und nistet in hohen Gebäuden.

SICH DER REALITÄT ANPASSEN

Manche Vögel können im menschlichen Umfeld nicht nur überleben, sie gedeihen darin sogar. Die von der Felsentaube abstammende Stadttaube und der Spatz sind in urbanen Gegenden praktisch überall auf der Welt vertreten, andere, darunter die Amerikanerkrähe, der Schwarzmilan und der Allfarblori, haben ihr Verbreitungsgebiet mühelos auf menschliche Ansiedelungen ausgedehnt.

Opportunistische Vögel passen sich am besten an vom Menschen veränderte Landschaften an. Studien ergaben, dass in der Stadt lebende Vogelarten über ein robustes Immunsystem verfügen, laut singen, gute Nistmöglichkeiten finden, zu Allesfressern werden und ausgezeichnete Problemlöser sind. Manchmal spiegeln urbane Nischen wilde Habitate wider, etwa das Hochhaus, das dem eigentlich Felswände bevorzugenden Wanderfalken als Nistplattform dient – und ganz nebenbei einen schier endlosen Vorrat an Nahrung in Form von Tauben liefert.

Der Stadtvogel, der sich von Abfällen ernährt, wird mitunter zwar nicht besonders geschätzt, ist aber unbestreitbar erfolgreich. Vielleicht schätzen wir ihn deshalb gering, weil er uns unangenehm an uns selbst erinnert.

Hirtenstar *(Acridotheres tristis)*, nicht gefährdet

Der ursprünglich in Asien beheimatete Hirtenstar
hat sein Verbreitungsgebiet rasch auch auf Europa,
Nordamerika, Australien und viele Meeresinseln
ausgedehnt.

Hausspatz _(Passer domesticus)_, nicht gefährdet

Durch die Anpassung an vom Menschen veränderte
Lebensräume ist der Hausspatz oder Haussperling einer
der erfolgreichsten Vögel der Welt.

FREIHEITSSYMBOLE

Als Weltenbürger, die Grenzen ohne Visum und Pass überfliegen können, sind Vögel die Botschafter der Natur. Zudem sind sie die universellsten Geschöpfe auf Erden: Jeder kann überall auf der Welt Vögel aller Formen, Größen, Farben und Arten sehen und hören.

Vögel symbolisieren Frieden, Glück, Liebe, Hoffnung, Unabhängigkeit und Freiheit, was aus religiösen Texten und der Tatsache ersichtlich wird, dass viele Länder den Vogel zum nationalen Wahrzeichen gewählt haben. Vögel erinnern uns daran, dass wir alle miteinander verbunden sind und dass alles, was wir tun, Folgen hat. Über die Zugvögel, die jedes Jahr Tausende von Kilometern zur anderen Seite des Globus zurücklegen, um sich dort ein Quartier zu suchen, können wir nur staunen.

Aus der Vogelperspektive gewinnen wir vielleicht einen ganz neuen Blick auf die Welt, in der wir alle leben. Wer Vögel aufmerksam beobachtet, kann sich von ihnen inspirieren lassen.

Weißkopfseeadler *(Haliaeetus leucocephalus)*, nicht gefährdet

Viele Menschen sehen im Weißkopfseeadler die Verkörperung von Freiheit und Stärke.

FREI WIE EIN VOGEL

Vögel sind farbenprächtig, einnehmend, auf viele Dinge spezialisiert und in fast allen Teilen der Erde vertreten. Sie wechseln regelmäßig zwischen den Hemisphären hin und her. Politische Grenzen kümmern sie nicht. Wenn wir für die Vögel der Welt sorgen und sie unterstützen, sorgen wir damit auch für den Planeten und letztlich für uns selbst. Was wir von ihnen bislang bereits gelernt haben, ist ganz erstaunlich, und alles, was es noch zu entdecken gilt, birgt endloses Potenzial.

LINKE SEITE, IM UHRZEIGERSINN VON OBEN LINKS: **Sunda-Zwergohreule** *(Otus lempiji)*, nicht gefährdet; **Azurkopftangare** *(Tangara cyanicollis)*, nicht gefährdet; **Gelbkopfkarakara** *(Milvago chimachima)*, nicht gefährdet; **Harpyie** *(Harpia harpyja)*, potenziell gefährdet; **Gelbstirn-Fruchttaube** *(Ptilinopus aurantiifrons)*, nicht gefährdet. DIESE SEITE, IM UHRZEIGER-SINN VON OBEN LINKS: **Schildsittich** *(Polytelis swainsonii)*, nicht gefährdet; **Karminbreit-rachen** *(Cymbirhynchus macrorhynchos malaccensis)*, nicht gefährdet; **Türkisnaschvogel** *(Cyanerpes cyaneus)*, nicht gefährdet

Unterart des Fächerpapageis
(Deroptyus accipitrinus accipitrinus), nicht gefährdet

Die aufstellbare, farbenprächtige Federhaube am Hinterkopf
ermöglicht den Fächerpapageien den freien Ausdruck.

Zwergsultanshuhn *(Porphyrio martinicus)*, nicht gefährdet

Mit seinen langen Zehen, die ihm das Laufen auf Seerosen-
blättern ermöglichen, kann das Zwergsultanshuhn
praktisch über Wasser gehen.

Weißschwanzbussard
(Geranoaetus albicaudatus), **nicht gefährdet**

Der Weißschwanzbussard kann sich mit
ausgebreiteten Schwingen beinahe
unendlich hoch in die Lüfte erheben.

ÜBER DIE AUTOREN

JOEL SARTORE ist Fotograf, Autor, Dozent, Umweltschützer und Mitglied der National Geographic Society und verfasst regelmäßig Beiträge für die Zeitschrift *National Geographic*. Seine »Markenzeichen« sind Humor und ein für den Mittleren Westen der USA typisches Arbeitsethos. Joel hat sich auf das Dokumentieren gefährdeter Arten und Landschaften auf der ganzen Welt spezialisiert. Er ist Gründer der »Photo Ark«, eines 25 Jahre dauernden Dokumentationsprojekts, das sich der Rettung von Arten und Lebensräumen widmet. Neben *National Geographic* hat Joel auch für *Audubon*, *Sports Illustrated*, die *New York Times* und die Zeitschrift *Smithsonian* sowie an zahlreichen Buchprojekten, darunter *Artenreich – eine Hommage an die Vielfalt*, gearbeitet. Er kehrt von seinen Weltreisen immer wieder gerne nach Lincoln, Nebraska, zurück, wo er mit seiner Frau Kathy und drei Kindern lebt.

NOAH STRYCKER ist Mitherausgeber der Zeitschrift *Birding* und Autor dreier weiterer Bücher über Vögel: *Vogelfrei: Fünf Kontinente, 41 Länder und 6.042 Vogelarten – meine große Reise*, *The Thing With Feathers* und *Among Penguins*. Er verfasst regelmäßig Beiträge für eine Vielzahl an Zeitschriften und andere Medien, hat fast 50 Länder bereist und arbeitet als Expeditionsguide auf dem südlichsten Kontinent der Erde, Antarktika, sowie in Spitzbergen. In seinem Garten in Oregon hat er bislang 115 verschiedene Vogelarten beobachtet.

DANK JOEL SARTORE

Wie kann man buchstäblich Tausenden von Mitwirkenden auf so engem Raum danken? Gar nicht. Lassen Sie mich also nur dies sagen: Ich danke den Mitarbeitern der Zoos, Aquarien und Auffangstationen sowie den privaten Züchtern dafür, dass sie mir seit Jahren Zugang zu den Tieren in ihrer Obhut gewähren, um die sie sich mit so viel ruhiger Würde und Sorgfalt kümmern. Bitte unterstützen Sie Organisationen wie diese in Ihrer Nähe; sie kämpfen nur allzu häufig an vorderster Front gegen das Artensterben. Darüber hinaus möchte ich den zahlreichen Partnern, die die »Photo Ark« finanziell unterstützen, danken, darunter neben privaten Spendern den Angestellten der National Geographic Society, der Naturschutzorganisation Defenders of Wildlife, der Organisation Conservation International, der Oceanic Preservation Society und der National Audubon Society, um nur einige zu nennen. Danken möchte ich auch den Menschen, die jahrelang unermüdlich an diesem Projekt gearbeitet haben, von unserem Wissenschaftsberater und Taxonomieexperten Pierre de Chabannes über die Mitarbeiter von Joel Sartore Photography bis zu meiner Frau Kathy, meiner Tochter Ellen und meinem Sohn Spencer, die es, solange sie denken können, toleriert haben, dass ich mindestens die Hälfte des Jahres über nicht zu Hause bin. Und meinem Sohn Cole, der mich öfter als jeder andere begleitet hat.

Nicht zuletzt danke ich meinen Eltern John und Sharon Sartore, die mir die Liebe zur Natur geschenkt und mir beigebracht haben, harte Arbeit wertzuschätzen. Sie haben mir damit einen fliegenden Start ermöglicht.

Mein tief empfundener Dank ihnen allen.

DANK NOAH STRYCKER

Für einen Vogelnerd namens Noah ist ein Buch wie *Vogelreich* natürlich ein Traum. Ich danke Joel Sartore dafür, dass er die unzähligen eindrucksvollen und außergewöhnlich detailreichen Fotos in diesem Band gemacht hat. Ein großes Dankeschön an die leitende Redakteurin Susan Tyler Hitchcock, die kreative Leiterin Melissa Farris, die leitende Bildredakteurin Moira Haney, die Redaktionsassistentin Michelle C. Cassidy und das ganze Team der National Geographic Books Divison für ihr visuelles Talent und ihren Einfallsreichtum. Mein Agent Russell Galen von der Scovil Galen Ghosh Literary Agency hat das Buchprojekt von Anfang an mit aller Kraft unterstützt, und auch die Unterstützung meiner Eltern Lisa Strycker und Bob Keefer bedeutet mir mehr, als ich in Worte fassen kann. Dass die Audubon Society das Jahr 2018 – das Jahr, in dem dieses Buch entstand – zum Jahr des Vogels ausgerufen hat, ist eine wundervolle Koinzidenz. Ich fühle mich geehrt, an der Entstehung des Buchs beteiligt gewesen zu sein.

ÜBER DAS PROJEKT

Für viele unserer Mitgeschöpfe wird die Zeit knapp. Das Artensterben schreitet in alarmierendem Tempo voran. Aus diesem Grund suchen die National Geographic Society und der renommierte Fotograf Joel Sartore nach Wegen, möglichst viele Arten zu retten. Das ambitionierte Projekt der »Photo Ark« widmet sich der Dokumentation jeder einzelnen Spezies in menschlicher Obhut und will damit nicht nur faszinieren, sondern die Menschen auch dazu anregen, sich im Interesse zukünftiger Generationen für den Artenschutz einzusetzen. Nach seinem Abschluss wird das Projekt als bedeutendes Zeugnis der Existenz dieser Tiere dienen und belegen, wie wichtig es ist, sie zu retten. Wie Sie dieses Projekt unterstützen können, erfahren Sie unter *www.natgeophotoark.org.*

Joel Sartore schließt im Alaska SeaLife Center Freundschaft mit einem Nashornalk.

WIE DIE FOTOS ENTSTEHEN

Das Fotografieren der Vögel beginnt damit, dass ich einen Zoo, einen privaten Züchter oder eine Auffangstation in der Gegend kontaktiere, die ich demnächst besuchen will. Besteht Interesse, an der »Photo Ark« teilzunehmen, bitte ich um eine Liste der Arten, die sich in der Obhut der betreffenden Einrichtung oder Person befinden.

Anhand dieser Liste suche ich die Arten aus, die ich noch nicht abgelichtet habe, und erkundige mich, ob es möglich ist, die entsprechenden Tiere zu fotografieren, denn je nach Art sind mit dem Fotografieren jedes Mal andere Schwierigkeiten verbunden. Die meisten Vögel auf meinen Bildern befinden sich schon ihr ganzes Leben lang in menschlicher Obhut, weshalb die Mitarbeiter der jeweiligen Einrichtungen sehr genau wissen, für welche Tiere das Fotografieren keinen Stress bedeutet. Wir legen besonderen Wert darauf, dass durch unsere Arbeit kein Tier gestört wird oder gar Schaden nimmt.

Am Tag des Shootings stehen uns dann mehrere Vorgehensweisen zur Auswahl. Bei größeren Vögeln etwa stellen wir einen schwarzen oder weißen Hintergrund im Gehege auf. Kleinere werden meist in einem Transportbehälter zu mir gebracht, damit ich sie in meinem Fotozelt aus weichem Stoff fotografieren kann. Im Inneren des Zelts sehen die Tiere meist nur die kleine Vorderseite meines Objektivs und sind ganz ruhig. Manchmal belohnen wir die Tiere für ihre Kooperation während der Fotosession auch mit Futter. Das ganze Shooting dauert in der Regel nur wenige Minuten.

Was die Beleuchtung betrifft, so umhüllen wir die Blitzlichter zur Tarnung und zum Schutz mit einer Softbox und positionieren sie möglichst nah am Motiv, damit wir Beschaffenheit und Farben wahrheitsgemäß, klar und mit möglichst großer Tiefenschärfe wiedergeben können.

Das Ziel dabei ist einfach: Mit unseren Fotos wollen wir die Öffentlichkeit dazu bewegen, sich für alle Geschöpfe dieser Welt, egal ob groß oder klein, einzusetzen, solange noch Zeit ist, sie zu retten.

Vorher: Oberste Priorität ist es, die Fotos schnell zu machen, damit die Tiere so wenig Stress wie möglich ausgesetzt sind. Das bedeutet, dass wir den Hintergrund erst hinterher »bereinigen«.

Nachher: Auf dem finalen Bild wurden Schmutz, Kot und eine Naht der Hintergrundabdeckung digital entfernt.

DIE VÖGEL DER KAPITELAUFMACHER

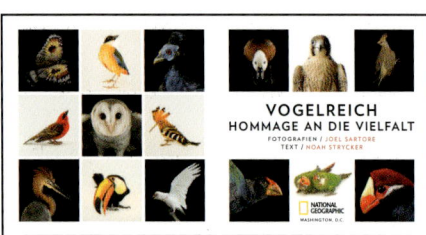

TITELEI, OBERE REIHE (V. L. N. R.): **Sonnenralle** *(Eurypyga helias)*, nicht gefährdet; **Blauflügelpitta** *(Pitta moluccensis)*, nicht gefährdet; **Unterart des Feuerrückenfasans** *(Lophura ignita macartneyi)*, potenziell gefährdet; **Paradieskasarka** *(Tadorna variegata)*, nicht gefährdet; **Wüstenfalke** *(Falco peregrinus pelegrinoides)*, nicht gefährdet; **Blaunacken-Mausvogel** *(Urocolius macrourus)*, nicht gefährdet MITTLERE REIHE (V. L. N. R.): **Madagaskarweber** *(Foudia madagascariensis)*, nicht gefährdet; **Schleiereule** *(Tyto alba)*, nicht gefährdet; **Wiedehopf** *(Upupa epops)*, nicht gefährdet UNTERE REIHE (V. L. N. R.): **Goliathreiher** *(Ardea goliath)*, nicht gefährdet; **Riesentukan** *(Ramphastos toco)*, nicht gefährdet; **Nasenkakadu** *(Cacatua tenuirostris)*, nicht gefährdet; **Südinseltakahe** *(Porphyrio hochstetteri)*, stark gefährdet; **Hoffmanns Rotschwanzsittich** *(Pyrrhura hoffmanni)*, nicht gefährdet; **Unterart des Rotscheitelsittichs** *(Pyrrhura roseifrons roseifrons)*, nicht gefährdet; **Schildturako** *(Musophaga violacea)*, nicht gefährdet

KAPITEL 1, OBERE REIHE (V. L. N. R.): **Goldsittich** *(Guaruba guarouba)*, gefährdet; **Buntfalke** *(Falco sparverius)*, nicht gefährdet; **Felsenpinguin** *(Eudyptes chrysocome)*, gefährdet; **Schreieule** *(Asio clamator)*, nicht gefährdet; **Rothöcker-Fruchttaube** *(Ducula rubricera)*, potenziell gefährdet MITTLERE REIHE (V. L. N. R.): **Knutt** *(Calidris canutus)*, potenziell gefährdet; **Stockente** *(Anas platyrhynchos)*, nicht gefährdet UNTERE REIHE (V. L. N. R.): **Temmincktragopan** *(Tragopan temminckii)*, nicht gefährdet; **Mähnentaube** *(Caloenas nicobarica)*, potenziell gefährdet; **Helmkasuar** *(Casuarius casuarius)*, gefährdet; **Kea** *(Nestor notabilis)*, gefährdet; **Pfautaube** *(Felsentaube, Columba livia, domestiziert)*, nicht gefährdet

KAPITEL 2, OBERE REIHE (V. L. N. R.): **Inka-Kakadu** *(Cacatua leadbeateri)*, nicht gefährdet; **Schmalschnabellöffler** *(Platalea alba)*, nicht gefährdet; **Steinadler** *(Aquila chrysaetos)*, nicht gefährdet; **Heuschreckenammer** *(Ammodramus savannarum)*, nicht gefährdet; **Baumfalke** *(Falco subbuteo)*, nicht gefährdet MITTLERE REIHE (V. L. N. R.): **Eselspinguin** *(Pygoscelis papua)*, nicht gefährdet; **Mindanao-Feuerhornvogel** *(Buceros mindanensis mindanensis)*, gefährdet UNTERE REIHE (V. L. N. R.): **Rubinkehlkolibri** *(Archilochus colubris)*, nicht gefährdet; **Blauer Pfau** *(Pavo cristatus)*, nicht gefährdet; **Weißnackenkranich** *(Antigone vipio)*, gefährdet; **Schmetterlingsfink** *(Uraeginthus bengalus)*, nicht gefährdet; **Nördlicher Streifenkiwi** *(Apteryx mantelli)*, stark gefährdet; **Gelbschopflund** *(Fratercula cirrhata)*, nicht gefährdet

KAPITEL 3, OBERE REIHE (V. L. N. R.): **Andamanen-Schleiereule** *(Tyto alba deroepstorffi)*, nicht gefährdet; **Jungfernkranich** *(Anthropoides virgo)*, nicht gefährdet; **Rabengeier** *(Coragyps atratus)*, nicht gefährdet; **Mauersegler** *(Apus apus)*, nicht gefährdet; **Schwarzkehlkardinal** *(Paroaria gularis)*, nicht gefährdet MITTLERE REIHE (V. L. N. R.): **Eisvogel** *(Alcedo atthis ispida)*, nicht gefährdet; **Holländer Haubenhuhn** *(Bankivahuhn, Gallus gallus, domestiziert)*, nicht gefährdet UNTERE REIHE (V. L. N. R.): **Helmkakadu** *(Callocephalon fimbriatum)*, nicht gefährdet; **Zügelpinguin** *(Pygoscelis antarcticus)*, nicht gefährdet; **Weißhaubenkakadu** *(Cacatua alba)*, stark gefährdet; **Raggi-Paradiesvogel** *(Paradisaea raggiana)*, nicht gefährdet

KAPITEL 4, OBERE REIHE (V. L. N. R.): **Grünspecht** *(Picus viridis)*, nicht gefährdet; **Schopf-karakara** *(Caracara plancus)*, nicht gefährdet; **Sulawesi-Hornvogel** *(Rhabdotorrhinus exarhatus)*, gefährdet; **Bartkauz** *(Strix nebulosa)*, nicht gefährdet MITTLERE REIHE (V. L. N. R.): **Regenbrachvogel** *(Numenius phaeopus)*, nicht gefährdet; **Salvadorikrähe** *(Corvus orru)*, nicht gefährdet UNTERE REIHE (V. L. N. R.): **Weißbrusttukan** *(Ramphastos tucanus)*, gefährdet; **Gelbfuß-Regenpfeifer** *(Charadrius melodus)*, potenziell gefährdet; **Eichelspecht** *(Mela-nerpes formicivorus)*, nicht gefährdet; **Zwergflamingo** *(Phoeniconaias minor)*, potenziell gefährdet; **Kahlkopfgeier** *(Sarcogyps calvus)*, vom Aussterben bedroht

KAPITEL 5, OBERE REIHE (V. L. N. R.): **Hawaiigans** *(Branta sandvicensis)*, gefährdet; **Zitronen-waldsänger** *(Protonotaria citrea)*, nicht gefährdet; **Graurücken-Leierschwanz** *(Menura novaehollandiae)*, nicht gefährdet; **Weißnackenkranich** *(Antigone vipio)*, gefährdet MITTLERE REIHE (V. L. N. R.): **Trottellummenei** *(Uria aalge)*, nicht gefährdet; **Schopfalk** *(Aethia cristatella)*, nicht gefährdet UNTERE REIHE (V. L. N. R.): **Königssittich** *(Alisterus scapularis)*, nicht gefährdet; **Wachtelkönig** *(Crex crex)*, nicht gefährdet; **Unterart des Andenklippen-vogels** *(Rupicola peruvianus aequatorialis)*, nicht gefährdet; **Trauerschwan** *(Cygnus atra-tus)*, nicht gefährdet; **Schwarzhalsschwan** *(Cygnus melancoryphus)*, nicht gefährdet; **Habichtskauz** *(Strix uralensis)*, nicht gefährdet

KAPITEL 6, OBERE REIHE (V. L. N. R.): **Sonnensittich** *(Aratinga solstitialis)*, stark gefährdet; **Rotschnabelkitta** *(Urocissa erythroryncha)*, nicht gefährdet; **Kolkrabe** *(Corvus corax)*, nicht gefährdet; **Graupapagei** *(Psittacus erithacus)*, stark gefährdet MITTLERE REIHE (V. L. N. R.): **Gimpelhäher** *(Struthidea cinerea)*, nicht gefährdet; **Östlicher Gelbschnabeltoko** *(Tockus flavirostris)*, nicht gefährdet; **Halsband-Nektarvogel** *(Cinnyris reichenowi)*, nicht gefährdet UNTERE REIHE (V. L. N. R.): **Schildrabe** *(Corvus albus)*, nicht gefährdet; **Ohrenscharbe** *(Phala-crocorax auritus)*, nicht gefährdet; **Adeliepinguin** *(Pygoscelis adeliae)*, nicht gefährdet; **Edelpapagei** *(Eclectus roratus)*, nicht gefährdet; **Graugans** *(Anser anser)*, nicht gefährdet

KAPITEL 7, OBERE REIHE (V. L. N. R.): **Kalifornischer Kondor** *(Gymnogyps californianus)*, vom Aussterben bedroht; **Kaka** *(Nestor meridionalis)*, stark gefährdet; **Purpurstärling** *(Euphagus cyanocephalus)*, nicht gefährdet; **Hawaiigans** *(Branta sandvicensis)*, gefährdet MITTLERE REIHE (V. L. N. R.): **Gelbkopfkarakara** *(Milvago chimachima)*, nicht gefährdet; **Blauschwingen-Bergtangare** *(Anisognathus somptuosus)*, nicht gefährdet UNTERE REIHE (V. L. N. R.): **Wegekuckuck** *(Geococcyx californianus)*, nicht gefährdet; **Malaienente** *(Asar-cornis scutulata)*, stark gefährdet; **Zwergsultanshuhn** *(Porphyrio martinicus)*, nicht gefähr-det; **Unterart des Fächerpapageis** *(Deroptyus accipitrinus accipitrinus)*, nicht gefährdet; **Schwarzmilan** *(Milvus migrans)*, nicht gefährdet

REGISTER DER VÖGEL

Im Folgenden sind die Vögel in der Reihenfolge, in der sie im Buch erscheinen, aufgeführt; nach dem Trivialnamen der Spezies sind der Ort, an dem das Foto entstanden ist, und wenn möglich die entsprechende Internetadresse angegeben.

1: Stanleysittich, Blank Park Zoo, Des Moines, Iowa | *www.blankparkzoo.com*

2: Sonnenralle, Cincinnati Zoo, Cincinnati, Ohio | *www.cincinnatizoo.org*

2: Blauflügelpitta, Jurong Bird Park, Singapur | *www.birdpark.com.sg*

2: Unterart des Feuerrückenfasans, Pheasant Heaven, Clinton, North Carolina

2: Madagaskarweber, Zoo von Plzeň, Plzeň, Tschechische Republik | *www.zooplzen.cz*

2: Schleiereule, Healesville Sanctuary, Healesville, Australien | *www.zoo.org.au/healesville*

2: Wiedehopf, Jurong Bird Park, Singapur | *www.birdpark.com.sg*

2: Goliathreiher, Zoo von Plzeň, Plzeň, Tschechische Republik | *www.zooplzen.cz*

2: Riesentukan, Omaha's Henry Doorly Zoo & Aquarium, Omaha, Nebraska | *www.omahazoo.com*

2: Nasenkakadu, Healesville Sanctuary, Healesville, Australien | *www.zoo.org.au/healesville*

3: Paradieskasarka, The Animal Sanctuary, Warkworth, Neuseeland | *www.animalsanctuary.co.nz*

3: Wüstenfalke, private Einrichtung

3: Blaunacken-Mausvogel, Jurong Bird Park, Singapur | *www.birdpark.com.sg*

3: Südinseltakahe, Zealandia, Wellington, Neuseeland | *www.visitzealandia.com*

3: Hoffmanns Rotschwanzsittich, El Nispero Zoo, Anton Valley, Panama

3: Schildturako, Lincoln Children's Zoo, Lincoln, Nebraska | *www.lincolnzoo.org*

4–5: Dreifarben-Papageiamadine, Zoo von Plzeň, Plzeň, Tschechische Republik | *www.zooplzen.cz*

4–5: Ringelastrild, Zoo von Plzeň, Plzeň, Tschechische Republik | *www.zooplzen.cz*

4–5: Zeresamadine, Zoo von Plzeň, Plzeň, Tschechische Republik | *www.zooplzen.cz*

4–5: Braunbrustnonne, Zoo von Plzeň, Plzeň, Tschechische Republik | *www.zooplzen.cz*

4–5: Maskenamadine, Zoo von Plzeň, Plzeň, Tschechische Republik | *www.zooplzen.cz*

4–5: Zeresamadine, Zoo von Plzeň, Plzeň, Tschechische Republik | *www.zooplzen.cz*

4–5: Gemalte Amadine, Zoo von Plzeň, Plzeň, Tschechische Republik | *www.zooplzen.cz*

4–5: Dornastrild, Zoo von Plzeň, Plzeň, Tschechische Republik | *www.zooplzen.cz*

4–5: Binsenastrild, Zoo von Plzeň, Plzeň, Tschechische Republik | *www.zooplzen.cz*

4–5: Gouldamadine, Zoo von Plzeň, Plzeň, Tschechische Republik | *www.zooplzen.cz*

6–7: Weißbauch-Zwergfischer, Bioko, Äquatorialguinea

9: Blauohr-Honigfresser, Zoo von Plzeň, Plzeň, Tschechische Republik | *www.zooplzen.cz*

13: Brillenpinguin, Utah's Hogle Zoo, Salt Lake City, Utah | *www.hoglezoo.org*

14: Hausgimpel, R.A. Brown Ranch, Throckmorton, Texas | *www.rabrownranch.com*

17: Großer Gelbschenkel, Tulsa Zoo, Tulsa, Oklahoma | *www.tulsazoo.org*

EIN VOGEL – WAS IST DAS?

18: Goldsittich, Sedgwick County Zoo, Wichita, Kansas | *www.scz.org*

18: Buntfalke, Bramble Park Zoo, Watertown, South Dakota | *www.brambleparkzoo.com*

18: Felsenpinguin, Omaha's Henry Doorly Zoo & Aquarium, Omaha, Nebraska | *www.omahazoo.com*

18: Knutt, Conserve Wildlife Foundation of New Jersey, New Jersey | *www.conservewildlifenj.org*

18: Stockente, Lincoln, Nebraska

18: Temmincktragopan, Sylvan Heights Bird Park, Scotland Neck, North Carolina | *www.shwpark.com*

18: Mähnentaube, Omaha's Henry Doorly Zoo & Aquarium, Omaha, Nebraska | *www.omahazoo.com*

19: Schreieule, El Nispero Zoo, Anton Valley, Panama

19: Rothöcker-Fruchttaube, Houston Zoo, Houston, Texas | *www.houstonzoo.org*

19: Helmkasuar, Gladys Porter Zoo, Brownsville, Texas | *www.gpz.org*

19: Kea, Wellington Zoo, Wellington, Neuseeland | *www.wellingtonzoo.com*

19: Pfautaube (Felsentaube), Gladys Porter Zoo, Brownsville, Texas | *www.gpz.org*

20: Riesenturako, Houston Zoo, Houston, Texas | *www.houstonzoo.org*

22–23: Rio-Grande-Wildtruthuhn, Cheyenne Mountain Zoo, Colorado Springs, Colorado | *www.cmzoo.org*

24–25: Nordbüscheleule, Cincinnati Zoo, Cincinnati, Ohio | *www.cincinnatizoo.org*

26–27: Helmkasuar, Gladys Porter Zoo, Brownsville, Texas | *www.gpz.org*

28: Rotstirn-Großtinamu, El Nispero Zoo, Anton Valley, Panama

29: Perlsteißhuhn, Dallas World Aquarium, Dallas, Texas | *www.dwazoo.com*

30: Krontaube, Omaha's Henry Doorly Zoo & Aquarium, Omaha, Nebraska | *www.omahazoo.com*

31: Weißkopftaube, private Einrichtung

31: Tümmlertaube (Felsentaube), Gladys Porter Zoo, Brownsville, Texas | *www.gpz.org*

31: Pfautaube (Felsentaube), Gladys Porter Zoo, Brownsville, Texas | *www.gpz.org*

31: Diamanttaube, Healesville Sanctuary, Healesville, Australien | *www.zoo.org.au/healesville*

31: Rothöcker-Fruchttaube, Houston Zoo, Houston, Texas | *www.houstonzoo.org*

31: Mähnentaube, Omaha's Henry Doorly Zoo & Aquarium, Omaha, Nebraska | *www.omahazoo.com*

32–33: Argusfasan, Houston Zoo, Houston, Texas | *www.houstonzoo.org*

34: Goldsittich, Sedgwick County Zoo, Wichita, Kansas | *www.scz.org*

35: Mähnentaube, Cincinnati Zoo, Cincinnati, Ohio | *www.cincinnatizoo.org*

36–37: Goldfasan, Bramble Park Zoo, Watertown, South Dakota | *www.brambleparkzoo.com*

38: Temmincktragopan, Sylvan Heights Bird Park, Scotland Neck, North Carolina | *www.shwpark.com*

39: Chileflamingo, Gladys Porter Zoo, Brownsville, Texas | *www.gpz.org*

39: Schreieule, El Nispero Zoo, Anton Valley, Panama

39: Halsband-Wehrvogel, Kansas City Zoo, Kansas City, Missouri | *www.kansascityzoo.org*

39: Schwarzhalstaucher, International Bird Rescue, San Pedro, Kalifornien | *www.bird-rescue.org*

39: Bankivahuhn, Soukup Farms, Dover Plains, New York | *www.soukupfarms.com*

40–41: Schuhschnabel, Houston Zoo, Houston, Texas | *www.houstonzoo.org*

42: Sekretär, Toronto Zoo, Toronto, Kanada | *www.torontozoo.com*

43: Hornlund, Monterey Bay Aquarium, Monterey, Kalifornien | *www.montereybayaquarium.org*

44: Felsenpinguin, Omaha's Henry Doorly Zoo & Aquarium, Omaha, Nebraska | *www.omahazoo.com*

44: Rotfußseriema, Zoo von Plzeň, Plzeň, Tschechische Republik | *www.zooplzen.cz*

44: Buntfalke, Lincoln Children's Zoo, Lincoln, Nebraska | *www.lincolnzoo.org*

44: Brautente, Lincoln Children's Zoo, Lincoln, Nebraska | *www.lincolnzoo.org*

44: Weißwangenturako, Bramble Park Zoo, Watertown, South Dakota | *www.brambleparkzoo.com*

45: Schreikranich, Audubon Nature Institute, New Orleans, Louisiana | *www.audubonnatureinstitute.org*

45: Milchuhu, Zoo Atlanta, Atlanta, Georgia | *www.zooatlanta.org*

45: Kea, Wellington Zoo, Wellington, Neuseeland | *www.wellingtonzoo.com*

46–47: Geierperlhuhn, Lincoln Children's Zoo, Lincoln, Nebraska | *www.lincolnzoo.org*

ERSTE EINDRÜCKE

48: Inka-Kakadu, Parrots in Paradise, Glass House Mountains, Australien | *www.parrotsinparadise.net*

48: Schmalschnabellöffler, Houston Zoo, Houston, Texas | *www.houstonzoo.org*

48: Steinadler, Point Defiance Zoo & Aquarium, Tacoma, Washington | *www.pdza.org*

48: Eselspinguin, Omaha's Henry Doorly Zoo & Aquarium, Omaha, Nebraska | *www.omahazoo.com*

48: Mindanao-Feuerhornvogel, Jurong Bird Park, Singapur | *www.birdpark.com.sg*

48: Rubinkehlkolibri, Omaha, Nebraska

48: Blauer Pfau, Lincoln Children's Zoo, Lincoln, Nebraska | *www.lincolnzoo.org*

48: Weißnackenkranich, Columbus Zoo and Aquarium, Powell, Ohio | *www.columbuszoo.org*

49: Heuschreckenammer, Kissimmee Prairie Preserve State Park, Okeechobee, Florida | *www.floridastateparks.org*

49: Baumfalke, Zoo Budapest, Budapest, Ungarn | *www.zoobudapest.com*

49: Schmetterlingsfink, private Einrichtung

49: Nördlicher Streifenkiwi, Kiwi Birdlife Park, Queenstown, Neuseeland | *www.kiwibird.co.nz*

49: Gelbschopflund, Omaha's Henry Doorly Zoo & Aquarium, Omaha, Nebraska | *www.omahazoo.com*

50: Kronenkranich, Columbus Zoo and Aquarium, Powell, Ohio | *www.columbuszoo.org*

52–53: Schönbürzel, Tulsa Zoo, Tulsa, Oklahoma | *www.tulsazoo.org*

52–53: Blaukopfastrild, Tulsa Zoo, Tulsa, Oklahoma | *www.tulsazoo.org*

52–53: Rotkopfamadine, Tulsa Zoo, Tulsa, Oklahoma | *www.tulsazoo.org*

52–53: Unterart des Gürtelgrasfinken, Tulsa Zoo, Tulsa, Oklahoma | *www.tulsazoo.org*

54–55: Blauer Pfau, Lincoln Children's Zoo, Lincoln, Nebraska | *www.lincolnzoo.org*

56–57: Gerfalke, Point Defiance Zoo & Aquarium, Tacoma, Washington | *www.pdza.org*

58–59: Eselspinguin, Omaha's Henry Doorly Zoo & Aquarium, Omaha, Nebraska | *www.omahazoo.com*

60: Baumfalke, Zoo Budapest, Budapest, Ungarn | *www.zoobudapest.com*

61: Steinadler, Point Defiance Zoo & Aquarium, Tacoma, Washington | *www.pdza.org*

62: Afrikanischer Strauß, Omaha's Henry Doorly Zoo & Aquarium, Omaha, Nebraska | *www.omahazoo.com*

63: Streifenpanthervogel, private Einrichtung

64: Kanadakranich, George M. Sutton Avian Research Center, Bartlesville, Oklahoma | *www.suttoncenter.org*

64: Schwarzschnabelstorch, Suzhou Zoo, Suzhou, China

64: Weißnackenkranich, Columbus Zoo and Aquarium, Powell, Ohio | *www.columbuszoo.org*

65: Nimmersatt, The Living Desert, Palm Desert, Kalifornien | *www.livingdesert.org*

66: Heuschreckenammer, Kissimmee Prairie Preserve State Park, Okeechobee, Florida | *www.floridastateparks.org*

67: Gelbbüschel-Zwergbärtling, Bioko, Äquatorialguinea

68–69: Nördlicher Streifenkiwi, Kiwi Birdlife Park, Queenstown, Neuseeland | *www.kiwibird.co.nz*

70–71: Gaukler, Los Angeles Zoo, Los Angeles, Kalifornien | *www.lazoo.org*

72: Mandarinente, private Einrichtung

72: Kakapo, Zealandia, Wellington, Neuseeland | *www.visitzealandia.com*

72: Andenkondor, Tampa's Lowry Park Zoo, Tampa, Florida | *www.lowryparkzoo.com*

72: Silberreiher, Caldwell Zoo, Tyler, Texas | *www.caldwellzoo.org*

72: Schmalschnabellöffler, Houston Zoo, Houston, Texas | *www.houstonzoo.org*

72: Karunkelhokko, Caldwell Zoo, Tyler, Texas | *www.caldwellzoo.org*

72: Chilepelikan, Jurong Bird Park, Singapur | *www.birdpark.com.sg*

73: Rhinozerosvogel, Santa Barbara Zoo, Santa Barbara, Kalifornien | *www.sbzoo.org*

73: Gelbschopflund, Omaha's Henry Doorly Zoo & Aquarium, Omaha, Nebraska | *www.omahazoo.com*

73: Kubaflamingo, Lincoln Children's Zoo, Lincoln, Nebraska | *www.lincolnzoo.org*

73: Rosenbrust-Kernknacker, Columbus Zoo and Aquarium, Powell, Ohio | *www.columbuszoo.org*

73: Doppelbindenarassari, Dallas World Aquarium, Dallas, Texas | *www.dwazoo.com*

74: Eulenschwalm, Pelican and Seabird Rescue Inc., Thorneside, Australien | *www.pelicanandseabirdrescue.org.au*

75: Panama-Rotstirn-Blatthühnchen, National Aviary of Colombia, Barú, Kolumbien | *www.acopazoa.org*

76–77: Himalaja-Glanzfasan, Santa Barbara Zoo, Santa Barbara, Kalifornien | *www.sbzoo.org*

78: Grünflügelara, World Bird Sanctuary, Valley Park, Missouri | *www.worldbirdsanctuary.org*

78: Granada-Amazone, Rare Species Conservatory Foundation, Loxahatchee, Florida | *www.rarespecies.org*

78: Frauenlori, Indianapolis Zoo, Indianapolis, Indiana | *www.indianapoliszoo.com*

78: Gelbbrustara, Parrots in Paradise, Glass House Mountains, Australien | *www.parrotsinparadise.net*

78: Westampelpapagei, Rare Species Conservatory Foundation, Loxahatchee, Florida | *www.rarespecies.org*

78: Rosakakadu, private Einrichtung

78: Gelbwangenamazone, World Bird Sanctuary, Valley Park, Missouri | *www.worldbirdsanctuary.org*

78: Hyazinth-Ara, Fort Worth Zoo, Fort Worth, Texas | *www.fortworthzoo.org*

79: Goldbauchsittich, Healesville Sanctuary, Healesville, Australien | *www.zoo.org.au/healesville*

80–81: Scharlachsichler, Caldwell Zoo, Tyler, Texas | *www.caldwellzoo.org*

IM FLUG

82: Andamanen-Schleiereule, Kamla Nehru Zoological Garden, Ahmedabad, Indien | *www.ahmedabadzoo.in*

82: Jungfernkranich, Sylvan Heights Bird Park, Scotland Neck, North Carolina | *www.shwpark.com*

82: Rabengeier, Wildcare Foundation, Noble, Oklahoma | *www.wildcareoklahoma.org*

82: Eisvogel, Alpenzoo, Innsbruck, Österreich | *www.alpenzoo.at*

82: Holländer Haubenhuhn (Bankivahuhn), Soukup Farms, Dover Plains, New York | *www.soukupfarms.com*

82: Helmkakadu, Parrots in Paradise, Glass House Mountains, Australien | *www.parrotsinparadise.net*

82: Zügelpinguin, Newport Aquarium, Newport, Kentucky | *www.newportaquarium.com*

83: Mauersegler, Zoo Budapest, Budapest, Ungarn | *www.zoobudapest.com*

83: Schwarzkehlkardinal, Miller Park Zoo, Bloomington, Illinois | *www.mpzs.org*

83: Weißhaubenkakadu, Bramble Park Zoo, Watertown, South Dakota | *www.brambleparkzoo.com*

83: Raggi-Paradiesvogel, Cincinnati Zoo, Cincinnati, Ohio | *www.cincinnatizoo.org*

84: Raubseeschwalbe, Tracy Aviary, Salt Lake City, Utah | *www.tracyaviary.org*

86–87: Zügelpinguin, Newport Aquarium, Newport, Kentucky | *www.newportaquarium.com*

88–89: Raggi-Paradiesvogel, Cincinnati Zoo, Cincinnati, Ohio | *www.cincinnatizoo.org*

90: Andamanen-Schleiereule, Kamla Nehru Zoological Garden, Ahmedabad, Indien | *www.ahmedabadzoo.in*

91: Unterart der Eiderente, Sylvan Heights Bird Park, Scotland Neck, North Carolina | *www.shwpark.com*

92: Nasenkakadu, Healesville Sanctuary, Healesville, Australien | *www.zoo.org.au/healesville*

93: Gelbhaubenkakadu, Minnesota Zoo, Apple Valley, Minnesota | *www.mnzoo.org*

93: Nymphensittich, Riverside Discovery Center, Scottsbluff, Nebraska | *www.riversidediscoverycenter.org*

93: Palmkakadu, Jurong Bird Park, Singapur | *www.birdpark.com.sg*

93: Helmkakadu, Parrots in Paradise, Glass House Mountains, Australien | *www.parrotsinparadise.net*

93: Gelbwangenkakadu, Jurong Bird Park, Singapur | *www.birdpark.com.sg*

94–95: Mauersegler, Zoo Budapest, Budapest, Ungarn | *www.zoobudapest.com*

96: Braunkopfliest, Gorongosa National Park, Sofala, Mosambik | *www.gorongosa.org*

97: Weißnackenkolibri, Gamboa, Panama

98–99: Büffelkopfente, Sylvan Heights Bird Park, Scotland Neck, North Carolina | *www.shwpark.com*

100–101: Bandamadine, Tulsa Zoo, Tulsa, Oklahoma | *www.tulsazoo.org*

102–103: Zwerggans, Sylvan Heights Bird Park, Scotland Neck, North Carolina | *www.shwpark.com*

104: Purpurglanzstar, Kansas City Zoo, Kansas City, Missouri | *www.kansascityzoo.org*

104: Dreifarben-Glanzstar, Omaha's Henry Doorly Zoo & Aquarium, Omaha, Nebraska | *www.omahazoo.com*

104: Königsglanzstar, Zoo Atlanta, Atlanta, Georgia | *www.zooatlanta.org*

104: Langschwanz-Glanzstar, private Einrichtung

104: Schwarzhalsstar, Zoo von Plzeň, Plzeň, Tschechische Republik | *www.zooplzen.cz*

105: Schillerglanzstar, Zoo von Plzeň, Plzeň, Tschechische Republik | *www.zooplzen.cz*

105: Schwarzflügelstar, Jurong Bird Park, Singapur | *www.birdpark.com.sg*

105: Purpurglanzstar, Topeka Zoo, Topeka, Kansas | *www.topekazoo.org*

106: Küstenseeschwalbe, Buttonwood Park Zoo, New Bedford, Massachusetts | *www.bpzoo.org*

108–109: Unterart des Gänsegeiers, Cheyenne Mountain Zoo, Colorado Springs, Colorado | *www.cmzoo.org*

110: Jungfernkranich, Sylvan Heights Bird Park, Scotland Neck, North Carolina | *www.shwpark.com*

111: Weißstorch, Lincoln Children's Zoo, Lincoln, Nebraska | *www.lincolnzoo.org*

NAHRUNG

112: Grünspecht, Zoo Budapest, Budapest, Ungarn | *www.zoobudapest.com*

112: Schopfkarakara, Gladys Porter Zoo, Brownsville, Texas | *www.gpz.org*

112: Regenbrachvogel, National Aviary of Colombia, Barú, Kolumbien | *www.acopazoa.org*

112: Salvadorikrähe, Pelican and Seabird Rescue Inc., Thorneside, Australien | *www.pelicanandseabirdrescue.org.au*

112: Weißbrusttukan, Alabama Gulf Coast Zoo, Gulf Shores, Alabama | *www.alabamagulfcoastzoo.org*

112: Gelbfuß-Regenpfeifer, North Bend, Nebraska

113: Sulawesi-Hornvogel, Tampa's Lowry Park Zoo, Tampa, Florida | *www.lowryparkzoo.com*

113: Bartkauz, New York State Zoo im Thompson Park, Watertown, New York | *www.nyszoo.org*

113: Eichelspecht, Wildlife Images Rehabilitation and Education Center, Grants Pass, Oregon | *www.wildlifeimages.org*

113: Zwergflamingo, Cleveland Metroparks Zoo, Cleveland, Ohio | *www.clevelandmetroparks.com/zoo*

113: Kahlkopfgeier, Palm Beach Zoo, West Palm Beach, Florida | *www.palmbeachzoo.org*

114: Salvadorikrähe, Pelican and Seabird Rescue Inc., Thorneside, Australien | *www.pelicanandseabirdrescue.org.au*

116–117: Steinwälzer, Conserve Wildlife Foundation of New Jersey, New Jersey | *www.conservewildlifenj.org*

118–119: Bartkauz, New York State Zoo im Thompson Park, Watertown, New York | *www.nyszoo.org*

120–121: Präriebussard, Raptor Recovery, Elmwood, Nebraska | *www.fontenelleforest.org*

122: Kapuzinervogel, Dallas World Aquarium, Dallas, Texas | *www.dwazoo.com*

123: Carolinanachtschwalbe, Wichita Mountains National Wildlife Refuge, Indiahoma, Oklahoma

124–125: Regenbrachvogel, National Aviary of Colombia, Barú, Kolumbien | *www.acopazoa.org*

126: Nördlicher Hornrabe, Los Angeles Zoo, Los Angeles, Kalifornien | *www.lazoo.org*

127: Unterart des Tariktik-Hornvogels, Zoo von Plzeň, Plzeň, Tschechische Republik | *www.zooplzen.cz*

127: Runzelhornvogel, Penang Bird Park, Perai, Malaysia | *www.penangbirdpark.com.my*

127: Furchenhornvogel, Tracy Aviary, Salt Lake City, Utah | *www.tracyaviary.org*

127: Sulawesi-Hornvogel, Tampa's Lowry Park Zoo, Tampa, Florida | *www.lowryparkzoo.com*

127: Rotschnabeltoko, Omaha's Henry Doorly Zoo & Aquarium, Omaha, Nebraska | *www.omahazoo.com*

128–129: Zwergflamingo, Cleveland Metroparks Zoo, Cleveland, Ohio | *www.clevelandmetroparks.com/zoo*

130: Brillenpelikan, Zoo von Plzeň, Plzeň, Tschechische Republik | *www.zooplzen.cz*

131: Weißbauchtölpel, International Bird Rescue, San Pedro, Kalifornien | *www.bird-rescue.org*

132: Amerika-Sandregenpfeifer, Monterey Bay Aquarium, Monterey, Kalifornien | *www.montereybayaquarium.org*

132: Keilschwanz-Regenpfeifer, Columbus Zoo and Aquarium, Powell, Ohio | *www.columbuszoo.org*

132: Bronzekiebitz, Palm Beach Zoo, West Palm Beach, Florida | *www.palmbeachzoo.org*

132: Spornkiebitz, Houston Zoo, Houston, Texas | *www.houstonzoo.org*

132: Maskenkiebitz, Sylvan Heights Bird Park, Scotland Neck, North Carolina | *www.shwpark.com*

132: Kiebitzregenpfeifer, Marathon Wild Bird Center, Marathon, Florida | *www.marathonbirdcenter.org*

133: Maskenkiebitz, private Einrichtung

133: Schneeregenpfeifer, Monterey Bay Aquarium, Monterey, Kalifornien | *www.montereybayaquarium.org*

133: Gelbfuß-Regenpfeifer, Fremont, Nebraska

134–135: Königspinguin, Indianapolis Zoo, Indianapolis, Indiana | *www.indianapoliszoo.com*

136–137: Kapgeier, Cheyenne Mountain Zoo, Colorado Springs, Colorado | *www.cmzoo.org*

138: Schneegeier, Assam State Zoo and Botanical Garden, Assam, Indien | *www.assamforest.in*

138: Unterart des Schmutzgeiers, Parco Natura Viva, Bussolengo, Italien | *www.parconaturaviva.it*

138: Großer Gelbkopfgeier, Sedgwick County Zoo, Wichita, Kansas | *www.scz.org*

138: Bengalgeier, Kamla Nehru Zoological Garden, Ahmedabad, Indien | *www.ahmedabadzoo.in*

138: Mönchsgeier, The Living Desert, Palm Desert, Kalifornien | *www.livingdesert.org*

139: Kahlkopfgeier, Palm Beach Zoo, West Palm Beach, Florida | *www.palmbeachzoo.org*

139: Rabengeier, Sylvan Heights Bird Park, Scotland Neck, North Carolina | *www.shwpark.com*

139: Palmgeier, Jurong Bird Park, Singapur | *www.birdpark.com.sg*

140–141: Königsgeier, Gladys Porter Zoo, Brownsville, Texas | *www.gpz.org*

DIE NÄCHSTE GENERATION

142: Hawaiigans, Sylvan Heights Bird Park, Scotland Neck, North Carolina | *www.shwpark.com*

142: Zitronenwaldsänger, Virginia Aquarium & Marine Science Center, Virginia Beach, Virginia | *www.virginiaaquarium.com*

142: Königssittich, Parrots in Paradise, Glass House Mountains, Australien | *www.parrotsinparadise.net*

142: Trottellummenei, University of Nebraska State Museum, Lincoln, Nebraska | *www.museum.unl.edu*

142: Schopfalk, Cincinnati Zoo, Cincinnati, Ohio | *www.cincinnatizoo.org*

142: Wachtelkönig (Wiesenralle), Zoo von Plzeň, Plzeň, Tschechische Republik | *www.zooplzen.cz*

142: Unterart des Andenklippenvogels, National Aviary of Colombia, Barú, Kolumbien | *www.acopazoa.org*

143: Graurücken-Leierschwanz, Healesville Sanctuary, Healesville, Australien | *www.zoo.org.au/healesville*

143: Weißnackenkranich, Columbus Zoo and Aquarium, Powell, Ohio | *www.columbuszoo.org*

143: Trauerschwan, Kansas City Zoo, Kansas City, Missouri | *www.kansascityzoo.org*

143: Schwarzhalsschwan, Sylvan Heights Bird Park, Scotland Neck, North Carolina | *www.shwpark.com*

143: Habichtskauz, Zoo von Plzeň, Plzeň, Tschechische Republik | *www.zooplzen.cz*

144: Königssittich, Parrots in Paradise, Glass House Mountains, Australien | *www.parrotsinparadise.net*

146–147: Graurücken-Leierschwanz, Healesville Sanctuary, Healesville, Australien | *www.zoo.org.au/healesville*

148–149: Rotschulterente, Sylvan Heights Bird Park, Scotland Neck, North Carolina | *www.shwpark.com*

150: Rosenköpfchen, Tampa's Lowry Park Zoo, Tampa, Florida | *www.lowryparkzoo.com*

151: Schopfalk, Cincinnati Zoo, Cincinnati, Ohio | *www.cincinnatizoo.org*

152–153: Malayischer Spiegelpfau, Pheasant Heaven, Clinton, North Carolina

154–155: Wachtelkönig (Wiesenralle), Zoo von Plzeň, Plzeň, Tschechische Republik | *www.zooplzen.cz*

156: Walddrossel, St. Francis Wildlife Association, Quincy, Florida | *www.stfranciswildlife.org*

157: Pirolsänger, Oklahoma City Zoo, Oklahoma City, Oklahoma | *www.okczoo.com*

157: Dschungeldrossling, Kamla Nehru Zoological Garden, Ahmedabad, Indien | *www.ahmedabadzoo.in*

157: Gelbkopf-Schwarzstärling, New Mexico Wildlife Center, Espanola, New Mexico | *www.thewildlifecenter.org*

157: Sonnenvogel, Houston Zoo, Houston, Texas | *www.houstonzoo.org*

157: Zitronenwaldsänger, Virginia Aquarium & Marine Science Center, Virginia Beach, Virginia | *www.virginiaaquarium.com*

159: Kanadakranich, Great Plains Zoo, Sioux Falls, South Dakota | *www.greatzoo.org*

160: Kragenparadiesvogel, Houston Zoo, Houston, Texas | *www.houstonzoo.org*

161: Roter Paradiesvogel, Houston Zoo, Houston, Texas | *www.houstonzoo.org*

162–163: Unterart des Andenklippenvogels, National Aviary of Colombia, Barú, Kolumbien | *www.acopazoa.org*

164–165: Haubenliest, Houston Zoo, Houston, Texas | *www.houstonzoo.org*

166: Trauerschwan, Kansas City Zoo, Kansas City, Missouri | *www.kansascityzoo.org*

166: Pfeifschwan, Sylvan Heights Bird Park, Scotland Neck, North Carolina | *www.shwpark.com*

166: Schwarzhalsschwan, Omaha's Henry Doorly Zoo & Aquarium, Omaha, Nebraska | *www.omahazoo.com*

166: Trauerschwan, Sylvan Heights Bird Park, Scotland Neck, North Carolina | *www.shwpark.com*

167: Trompeterschwan, Houston Zoo, Houston, Texas | *www.houstonzoo.org*

167: Singschwan, Sylvan Heights Bird Park, Scotland Neck, North Carolina | *www.shwpark.com*

167: Schwarzhalsschwan, Sylvan Heights Bird Park, Scotland Neck, North Carolina | *www.shwpark.com*

168: Europäischer Uhu, Zoo Atlanta, Atlanta, Georgia | *www.zooatlanta.org*

169: Fleckenuhu, Zoo von Plzeň, Plzeň, Tschechische Republik | *www.zooplzen.cz*

170–171: Goldkopftrogon, Houston Zoo, Houston, Texas | *www.houstonzoo.org*

172: Milchuhu, Zoo Atlanta, Atlanta, Georgia | *www.zooatlanta.org*

172: Trottellummenei, University of Nebraska State Museum, Lincoln, Nebraska | *www.museum.unl.edu*

172: Purpur-Grackel, private Einrichtung

172: Arkansaskönigstyrann, private Einrichtung

172: Zwergpinguin, Cincinnati Zoo, Cincinnati, Ohio | *www.cincinnatizoo.org*

172: Hawaiigans, Sylvan Heights Bird Park, Scotland Neck, North Carolina | *www.shwpark.com*

173: Chileflamingo, Houston Zoo, Houston, Texas | *www.houstonzoo.org*

173: Habichtskauz, Zoo von Plzeň, Plzeň, Tschechische Republik | *www.zooplzen.cz*

173: Büffelkopfente, National Mississippi River Museum & Aquarium, Dubuque, Iowa | *www.rivermuseum.com*

174: Rötelbauchmotmot, National Aviary of Colombia, Barú, Kolumbien | *www.acopazoa.org*

175: Bienenfresser, Zoo Budapest, Budapest, Ungarn | *www.zoobudapest.com*

DAS VOGELHIRN

176: Sonnensittich, Bramble Park Zoo, Watertown, South Dakota | *www.brambleparkzoo.com*

176: Rotschnabelkitta, Houston Zoo, Houston, Texas | *www.houstonzoo.org*

176: Gimpelhäher, Healesville Sanctuary, Healesville, Australien | *www.zoo.org.au/healesville*

176: Östlicher Gelbschnabeltoko, Indianapolis Zoo, Indianapolis, Indiana | *www.indianapoliszoo.com*

176: Halsband-Nektarvogel, Bioko, Äquatorialguinea

176: Schildrabe, Ocean Park, Hong Kong | *www.oceanpark.com.hk*

176: Ohrenscharbe, Cincinnati Zoo, Cincinnati, Ohio | *www.cincinnatizoo.org*

177: Kolkrabe, Los Angeles Zoo, Los Angeles, Kalifornien | *www.lazoo.org*

177: Graupapagei, Dallas Zoo, Dallas, Texas | *www.dallaszoo.com*

177: Adeliepinguin, Faunia, Madrid, Spanien | *www.faunia.es*

177: Edelpapagei, Parrots in Paradise, Glass House Mountains, Australien | *www.parrotsinparadise.net*

177: Graugans, Sylvan Heights Bird Park, Scotland Neck, North Carolina | *www.shwpark.com*

178: Adeliepinguin, Faunia, Madrid, Spanien | *www.faunia.es*

180–181: Binsenastrild, Melbourne Zoo, Parkville, Australien | *www.zoo.org.au/melbourne*

182–183: Rotschnabelkitta, Houston Zoo, Houston, Texas | *www.houstonzoo.org*

184–185: Sonnensittich, Bramble Park Zoo, Watertown, South Dakota | *www.brambleparkzoo.com*

186: Teichralle, private Einrichtung

187: Prachtstaffelschwanz, Healesville Sanctuary, Healesville, Australien | *www.zoo.org.au/healesville*

188: Kleiner Soldatenara, Denver Zoo, Denver, Colorado | *www.denverzoo.org*

188–189: Gelbbrustara, Denver Zoo, Denver, Colorado | *www.denverzoo.org*

190: Gimpelhäher, Healesville Sanctuary, Healesville, Australien | *www.zoo.org.au/healesville*

191: Trottellumme, Omaha's Henry Doorly Zoo & Aquarium, Omaha, Nebraska | *www.omahazoo.com*

192–193: Schildrabe, Ocean Park, Hong Kong | *www.oceanpark.com.hk*

194: Rotkehlspint, Oklahoma City Zoo, Oklahoma City, Oklahoma | *www.okczoo.org*

194: Kiefernhäher, University of Nebraska-Lincoln, Lincoln, Nebraska | *www.unl.edu*

194: Glanzkrähe, Kamla Nehru Zoological Garden, Ahmedabad, Indien | *www.ahmedabadzoo.in*

194: Edelpapagei, Parrots in Paradise, Glass House Mountains, Australien | *www.parrotsinparadise.net*

194: Schwarzkehl-Elsternhäher, Houston Zoo, Houston, Texas | *www.houstonzoo.org*

194: Amerikanerkrähe, George M. Sutton Avian Research Center, Bartlesville, Oklahoma | *www.suttoncenter.org*

195: Blauelster, University of Nebraska-Lincoln, Lincoln, Nebraska | *www.unl.edu*

195: Kappenblaurabe, Houston Zoo, Houston, Texas | *www.houstonzoo.org*

195: Florida-Buschhäher, Cape Canaveral, Florida

195: Aaskrähe, Zoo Budapest, Budapest, Ungarn | *www.zoobudapest.com*

195: Graupapagei, Dallas Zoo, Dallas, Texas | *www.dallaszoo.com*

196: Kolkrabe, Los Angeles Zoo, Los Angeles, Kalifornien | *www.lazoo.org*

197: Kea, Wellington Zoo, Wellington, Neuseeland | *www.wellingtonzoo.com*

DIE ZUKUNFT

198: Kalifornischer Kondor, Phoenix Zoo, Phoenix, Arizona | *www.phoenixzoo.org*

198: Kaka, Wellington Zoo, Wellington, Neuseeland | *www.wellingtonzoo.com*

198: Gelbkopfkarakara, Summit Municipal Park, Gamboa, Panama

198: Wegekuckuck, George M. Sutton Avian Research Center, Bartlesville, Oklahoma | *www.suttoncenter.org*

198: Blauschwingen-Bergtangare, National Aviary of Colombia, Barú, Kolumbien | *www.acopazoa.org*

198: Malaienente, Sylvan Heights Bird Park, Scotland Neck, North Carolina | *www.shwpark.com*

199: Purpurstärling, Tracy Aviary, Salt Lake City, Utah | *www.tracyaviary.org*

199: Hawaiigans, Great Plains Zoo, Sioux Falls, South Dakota | *www.greatzoo.org*

199: Zwergsultanshuhn, Virginia Aquarium & Marine Science Center, Virginia Beach, Virginia | *www.virginiaaquarium.com*

199: Unterart des Fächerpapageis, Houston Zoo, Houston, Texas | *www.houstonzoo.org*

199: Schwarzmilan, Botanical and Zoological Garden of Tsimbazaza, Antananarivo, Madagaskar

200: Unterart der Virginiawachtel, Phoenix Zoo, Phoenix, Arizona | *www.phoenixzoo.org*

202–203: Kaka, Wellington Zoo, Wellington, Neuseeland | *www.wellingtonzoo.com*

204–205: Blaulappenhokko, National Aviary of Colombia, Barú, Kolumbien | *www.acopazoa.org*

206: Nonnenkranich, Tulsa Zoo, Tulsa, Oklahoma | *www.tulsazoo.org*

207: Waldrapp, Houston Zoo, Houston, Texas | *www.houstonzoo.org*

208–209: Malaienente, Sylvan Heights Bird Park, Scotland Neck, North Carolina | *www.shwpark.com*

210–211: Kalifornischer Kondor, Phoenix Zoo, Phoenix, Arizona | *www.phoenixzoo.org*

212–213: Waldstorch, Sedgwick County Zoo, Wichita, Kansas | *www.scz.org*

214: Hawaiibussard, Houston Zoo, Houston, Texas | *www.houstonzoo.org*

214: Laysanente, Omaha's Henry Doorly Zoo & Aquarium, Omaha, Nebraska | *www.omahazoo.com*

214: Attwaters Präriehuhn, Caldwell Zoo, Tyler, Texas | *www.caldwellzoo.org*

214: Madagaskar-Moorente, Pochard Breeding Center, Madagaskar

214: Michiganwaldsänger, Mio, Michigan

214: Balistar, Cheyenne Mountain Zoo, Colorado Springs, Colorado | *www.cmzoo.org*

214: Kokardenspecht, North Carolina Zoo, Asheboro, North Carolina | *www.nczoo.org*

215: Guamralle, Sedgwick County Zoo, Wichita, Kansas | *www.scz.org*

215: Hawaiigans, Sylvan Heights Bird Park, Scotland Neck, North Carolina | *www.shwpark.com*

215: Socorrotaube, Tracy Aviary, Salt Lake City, Utah | *www.tracyaviary.org*

215: Rosentaube, Sedgwick County Zoo, Wichita, Kansas | *www.scz.org*

215: Edwardsfasan, Pheasant Heaven, Clinton, North Carolina

216–217: Felsentaube, private Einrichtung

218: Hirtenstar, private Einrichtung

219: Hausspatz, Lincoln, Nebraska

221: Weißkopfseeadler, George M. Sutton Avian Research Center, Bartlesville, Oklahoma | *www.suttoncenter.org*

222: Sunda-Zwergohreule, Penang Bird Park, Perai, Malaysia | *www.penangbirdpark.com.my*

222: Azurkopftangare, National Aviary of Colombia, Barú, Kolumbien | *www.acopazoa.org*

222: Gelbkopfkarakara, Summit Municipal Park, Gamboa, Panama

222: Harpyie, Los Angeles Zoo, Los Angeles, Kalifornien | *www.lazoo.org*

222: Gelbstirn-Fruchttaube, Zoo von Plzeň, Plzeň, Tschechische Republik | *www.zooplzen.cz*

223: Schildsittich, Parrots in Paradise, Glass House Mountains, Australien | *www.parrotsinparadise.net*

223: Karminbreitrachen, Penang Bird Park, Perai, Malaysia | *www.penangbirdpark.com.my*

223: Türkisnaschvogel, Miller Park Zoo, Bloomington, Illinois | *www.mpzs.org*

224: Unterart des Fächerpapageis, Houston Zoo, Houston, Texas | *www.houstonzoo.org*

225: Zwergsultanshuhn, Virginia Aquarium & Marine Science Center, Virginia Beach, Virginia | *www.virginiaaquarium.com*

226–227: Weißschwanzbussard, National Aviary of Colombia, Barú, Kolumbien | *www.acopazoa.org*

NATIONAL GEOGRAPHIC

Vogelreich

Verantwortlich: Susanne Then
Übersetzung aus dem Englischen: Ulrike Kretschmer
Redaktion: Daniela Hansjakob
Korrektorat: Simona Fois
Satz: satz & repro Grieb, München
Umschlaggestaltung: Marcus Taeschner
Repro: LUDWIG: media
Herstellung: Alexander Knoll
Printed in Slovenia by Florjancic

Titel der englischen Originalausgabe: *Birds of the Photo Ark*
Copyright © (2018) der Originalausgabe National Geographic
Partners, LLC. All rights reserved.

Copyright © (2020) Deutsche Ausgabe der National Geographic
Partners, LLC. All rights reserved.

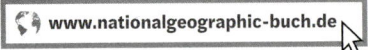

★★★★★

**Sind Sie mit diesem Titel zufrieden? Dann würden wir uns
über Ihre Weiterempfehlung freuen.** Erzählen Sie es im Freundeskreis, berichten Sie Ihrem Buchhändler oder bewerten Sie bei
Onlinekauf. Und wenn Sie Kritik, Korrekturen, Aktualisierungen
haben, freuen wir uns über Ihre Nachricht an
Bruckmann Verlag, Postfach 40 02 09, D-80702 München oder
per E-Mail an lektorat@verlagshaus.de.

Unser komplettes Programm finden Sie unter

🌐 www.nationalgeographic-buch.de

This edition is published by NG Buchverlag GmbH through licensing
agreement with National Geographic Partners, LLC.

Die Deutsche Nationalbibliothek verzeichnet diese Publikation in der
Deutschen Nationalbibliografie; detaillierte bibliografische Daten sind
im Internet über http://dnb.d-nb.de abrufbar.

ISBN 978-3-86690-728-7

Textnachweis: Vorwort von Joel Sartore, alle anderen Texte
von Noah Strycker
Bildnachweis: Alle Bilder im Innenteil und auf dem Umschlag stammen
von Joel Sartore.
Umschlagvorderseite: Schillerglanzstar (*Lamprotornis Iris*)
Umschlagrückseite: Obere Reihe (V. L. N. R.): Rosenköpfchen
(*Agapornis roseicollis*), Königsgeier (*Sarcoramphus papa*); Pfautaube
(*Columba livia*)
Untere Reihe (V. L. N. R.): Weißbrusttukan (*Ramphastos tucanus*);
Streifenpanthervogel (*Pardalotus striatus*); Kronenkranich (*Balearica
pavonina*)

Ebenfalls erhältlich:

978-3-86690-698-3

Ebenfalls erhältlich:

ISBN 978-3-86690-624-2